汉竹编著·亲亲乐读系列

0~3岁

喂养教养
思维培养一本通

曾少鹏 ♥ 主编

江苏凤凰科学技术出版社
全国百佳图书出版单位
·南京·

图书在版编目（CIP）数据

0~3岁喂养教养思维培养一本通 / 曾少鹏主编 .—南京：江苏凤凰科学技术出版社 ,2022.02

（汉竹·亲亲乐读系列）

ISBN 978-7-5713-1749-2

Ⅰ.①0… Ⅱ.①曾… Ⅲ.①婴幼儿－哺育、②婴幼儿－早期教育③婴幼儿－智力开发 Ⅳ.① TS976.31 ② G781 ③ G610

中国版本图书馆 CIP 数据核字（2021）第 011010 号

中国健康生活图书实力品牌

0~3岁喂养教养思维培养一本通

主　　　编	曾少鹏	
编　　　著	汉竹	
责 任 编 辑	刘玉锋　黄翠香	
特 邀 编 辑	李佳昕　张 欢	
责 任 校 对	仲 敏	
责 任 监 制	刘文洋	

出 版 发 行	江苏凤凰科学技术出版社
出版社地址	南京市湖南路 1 号 A 楼，邮编：210009
出版社网址	http://www.pspress.cn
印　　　刷	合肥精艺印刷有限公司

开　　　本	720 mm × 1 000 mm　1/16
印　　　张	14
字　　　数	250 000
版　　　次	2022 年 2 月第 1 版
印　　　次	2022 年 2 月第 1 次印刷

标 准 书 号	ISBN 978-7-5713-1749-2
定　　　价	49.80 元

图书印装如有质量问题，可随时向我社印务部调换。

导　读

在无限的期待中，宝宝诞生了，你成了全世界最幸福的人，迫不及待想把所有的爱倾注在宝宝身上。宝宝的一举一动、一哭一笑无时无刻不让你牵挂。为人父母的艰辛与甜蜜随着宝宝的到来，你将一一体味。

宝宝能认识爸爸、妈妈了，你欣慰之余，更多的是感动。

宝宝会笑了，你比宝宝笑得更开心。

宝宝会喊"爸爸""妈妈"了，你激动万分，甚至泪流满面。

宝宝会走路了，你兴高采烈，但仍担心宝宝会不小心摔倒。

宝宝会跑了，你的视线始终不敢离开宝宝，仍想紧拉他的手。

你总是担心宝宝是否吃饱了、衣服穿得是否合适，总怕自己给予得太少。

你总是害怕宝宝会生病，他的哭声让你揪心，总怕自己照顾不周。

你总是担忧宝宝会摔着、碰着，总觉得自己保护得不够。

……

这个娇嫩的小生命让你有点迷茫，有点手足无措，你会有无数疑问……而翻开厚重的育儿书，密密麻麻的文字立刻让你头晕脑涨。

本书抓住父母关注的营养饮食、生活习惯培养、情商、智商、左右脑开发等关键环节，没有婆婆妈妈的絮叨，只有一针见血的解决方案，让你更省心更安心，让宝宝更健康更聪明！

目录

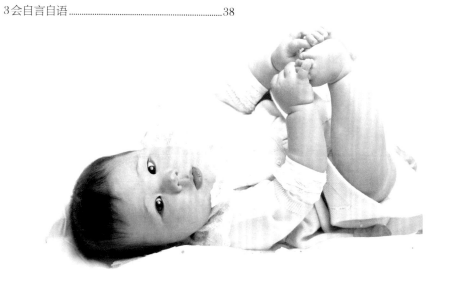

第16章 餐桌花样多 0~3岁营养攻略

.... 185

第1章

* 早开奶，早吸吮，早接触。

* 要母乳喂养。

育儿要点

* 搞好脐部护理，预防发炎。

* 继续听胎教音乐。

* 与宝宝多接触，多抚摩。

* 与宝宝多说话，要读懂宝宝的哭。

* 学笑，练抬头。

0~1 个月
宝宝出生

身体发育·男宝宝

出生时的体重 _____ 千克（正常范围 3.39±0.45 千克）

出生时的身长 _____ 厘米（正常范围 50.8±2.0 厘米）

出生时的头围 _____ 厘米（正常范围 34.5±2.8 厘米）

满月时的体重 _____ 千克（正常范围 4.22±0.50 千克）

满月时的身长 _____ 厘米（正常范围 54.4±2.2 厘米）

满月时的头围 _____ 厘米（正常范围 36.8±1.1 厘米）

身体发育·女宝宝

出生时的体重 _____ 千克（正常范围 3.28±0.35 千克）

出生时的身长 _____ 厘米（正常范围 49.8±1.8 厘米）

出生时的头围 _____ 厘米（正常范围 33.4±1.4 厘米）

满月时的体重 _____ 千克（正常范围 3.96±0.24 千克）

满月时的身长 _____ 厘米（正常范围 53.8±2.3 厘米）

满月时的头围 _____ 厘米（正常范围 36.1±1.2 厘米）

生长发育特征

初次见宝宝

宝宝深睡时，很少活动，平静，呼吸均匀。

1 眼睛、皮肤细观察

由于分娩时的自然压力，大多数新生儿的眼睛都会出现水肿，通常这种现象在数天内便可自行消退。新生儿身体颜色上半部是苍白色的，下半部则是红色的。这是由于新生儿血液循环系统尚未发育完善而导致血液汇聚在下肢的缘故。这种上下身体颜色差异现象，可以通过移动宝宝的体位得以矫正。

2 总是在睡觉

新生儿每天要睡 16~17 个小时。睡眠分为深睡和浅睡。深睡时，宝宝很少活动，平静，眼球不转动，呼吸均匀。浅睡时，眼睛虽然闭合，但眼球在眼睑下转动，并伴有丰富的表情，有时四肢还会有舞蹈的动作。父母不要把这些表现当作宝宝的不适，用过多的喂食和护理打扰宝宝。

3 学会看大便

新生儿的首次粪便通常呈暗绿色、黏稠状，几乎没有臭味，这就是所谓的"胎粪"，3~4 天后即可排尽。之后的一般情况下，喂配方奶的宝宝大便呈淡黄色或土灰色，且多成形，常伴有便秘。母乳喂养的宝宝则多是金黄色的糊状便，次数不定，每天 1~4 次或 5~6 次，甚至更多些。

4 惊人的反射能力

所有的健康新生儿一出生就具有觅食、吸吮、吞咽的反射活动。当妈妈把乳房贴近宝宝时，他会自动转过来并把嘴张开，然后开始吸吮，并且能立刻吞咽初乳或乳汁。因此，产后要尽快将宝宝贴近乳房，让他习惯于吸食母乳。

喂养指导

新妈妈必修课

1 最好的食物是母乳

母乳是宝宝的天然生理食品。母乳（特别是初乳）中含有大量抗病毒和抗细菌感染的免疫物质，可以增强宝宝抵抗疾病的能力。而且母乳几乎无菌，直接喂哺不易污染，温度也很合适。

此外，母乳喂养还能增进母婴之间的感情。妈妈对宝宝的照顾、抚摸、拥抱等，都能让宝宝获得满足感和安全感。母乳喂养对妈妈也有好处，有利于子宫恢复到怀孕前的状况。

2 哺乳前的准备

乳房的准备：妈妈哺乳前先洗净双手，用毛巾蘸清水擦净乳头和乳晕，然后开始喂乳。

物品的准备：妈妈要选择吸汗、宽松的衣服，这样才方便哺乳。擦洗乳房的毛巾、水盆要专用。备一把稍矮的椅子供妈妈哺乳时用。母婴用品要绝对分开使用，以免交叉感染。

准备吸奶器：母乳过多时，在宝宝吃饱后，可用吸奶器吸出剩余乳汁，这更有利于乳汁分泌，并且不易患乳腺炎。

3 母乳喂养需要注意

要想母乳充足，早开奶、早吸吮、早接触是必不可少的。对 4 个月内母乳喂养的宝宝来讲，是不需额外加水的，尤其喝糖水后还易发生腹胀。

哺乳妈妈膳食营养也很重要，可多喝些清炖鱼汤、猪蹄汤等，多食营养丰富、易消化吸收的食物；保持心情愉快，保证充足的睡眠，都会使你的宝宝获得足够的奶水。

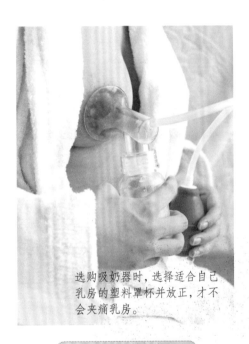

选购吸奶器时，选择适合自己乳房的塑料罩杯并放正，才不会夹痛乳房。

妈妈早教 10 分钟

产后半小时，宝宝就要吃奶

据研究，宝宝在出生后 20~30 分钟内的吸吮能力最强。所以，如果你看到宝宝张着小嘴四处搜索时，可一定要让他及时吸吮。越早吸吮会越早让乳腺管通畅，乳汁也会越早到来，且对子宫收缩和恶露排出极为有利。

4 学习喂奶

给宝宝喂奶，可采取搂抱、斜抱、夹抱三种姿势。让宝宝先吸一侧乳房，吸空后再换另一侧。

搂抱： 较为轻松的常用姿势。这种姿势可让妈妈看到并控制宝宝的头部。

斜抱： 在搂抱的基础上，在宝宝头下方垫上东西，有助于宝宝含住乳头。这种姿势适合于早产儿、吸吮能力弱和含乳头有困难的小宝宝。

夹抱： 将宝宝夹抱在腋下，大腿部位略抬高，以承托宝宝的身体，然后将乳头放入宝宝口中。这种姿势尤其适用于乳房较大和乳头内陷的妈妈。

小贴士： 宝宝的嘴唇包住乳头和乳晕，其鼻子和面颊接触乳房。宝宝的嘴唇在外面（或外翻），不是向内收回的。

5 让宝宝离开你的乳房

喂奶时，要先喂一侧乳房，吸空后再换另一侧。吃饱后，宝宝多数时候会睡着，然后自然松开你的乳头。不要直接将他拽离你的乳头，而是将小指放到宝宝嘴角，打破他口腔的真空状态，帮宝宝自然松开乳头。宝宝离开乳头后，可在乳头抹几滴乳汁，以保持乳头湿润，避免干裂。

如果吃奶后的宝宝没有睡着，就要把宝宝竖抱起，脸朝后紧贴你的身体，轻拍后背，让宝宝打嗝，把咽下去的空气排出来，以免宝宝溢乳。

6 帮宝宝含吮乳头

用一只手的四指托住乳房，拇指按在乳晕外围的上方，使乳房成锥形。用乳头轻触宝宝的下唇，直到他把嘴张大。把宝宝靠近，使他的嘴对准乳头，牙床正好在乳头之后，大部分或者全部乳晕都进入他的嘴中。

7 看着宝宝吃奶

宝宝吃奶时，妈妈一定要用温柔爱抚的目光注视宝宝的眼睛，也可以和宝宝对话。宝宝的吸吮动作会刺激妈妈的下奶反射——分泌一种可以促进乳腺分泌乳汁的激素，从而让宝宝有更多的奶吃。

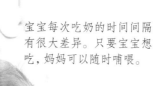

宝宝每次吃奶的时间间隔有很大差异。只要宝宝想吃，妈妈可以随时哺喂。

日常养护

洗澡、穿衣、换尿布

1 给宝宝洗澡
物品的准备：

婴儿澡盆
大浴巾 1 块、小毛巾 2 块（一块洗脸、一块洗臀部）
婴儿专用的洗发液、沐浴露、润肤露、护臀膏、保湿霜
水温计 1 支
换洗衣服、尿布、75% 酒精、消毒棉签

洗澡步骤：

①洗脸、洗头。先擦洗面部，把宝宝专用小毛巾蘸湿，从眼角内侧向外轻拭双眼、嘴、鼻、脸及耳后，以少许洗发水洗头部，然后用清水洗干净，擦干头部。

②放入澡盆。洗完头和面部后，如脐带已脱落，给宝宝洗后背可去掉浴巾，将宝宝放入澡盆内，以左手扶住他的头部，用右手按顺序洗颈部、上肢、前胸、腹部，再洗后背、下肢、外阴、臀部等处，注意皮肤皱褶处要洗净。

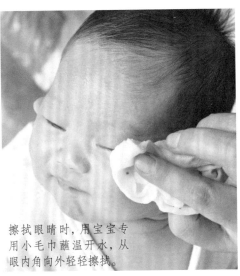

擦拭眼睛时，用宝宝专用小毛巾蘸温开水，从眼内角向外轻轻擦拭。

③抱出澡盆。在水中洗 3~5 分钟。将手轻放到他臀部下面，把他抱出来。迅速用浴巾包裹好，搂抱他，之后擦干所有皮肤皱褶处。将保湿霜在手上搓一搓，轻抹在宝宝的皮肤皱褶处，如颈部、腋下、腹股沟等处。

2 宝宝的穿衣选择
宝宝要穿浅色、柔软、纯棉、宽松的衣服，以避免摩擦宝宝的皮肤，而且便于穿脱。

给宝宝穿衣服时动作要轻柔，注意检查袜子里面有没有易勾住宝宝脚趾的线头。

满月后的宝宝活动增加，不要给他盖得太多，以避免限制四肢的活动。

妈妈早教 10 分钟

观察宝宝大小便

宝宝每天的小便应在 6 次以上。正常新生儿在出生后 2~3 天内，排泄暗绿色大便，即胎便，3~4 天后逐渐变为黄色便。纯母乳喂养宝宝的大便是金黄色、稀糊糊的软便，每天 5~6 次；配方奶喂养的宝宝大便多呈浅黄色，每天 1~2 次。出现异常大便，如水样便、蛋花样便、脓血便、柏油便等，应及时治疗。

3 如何为宝宝穿衣服

先穿上衣：首先，把宝宝放在床上，查看尿布是否需要更换；其次，把上衣沿着领口折叠成圆圈状，两个拇指从中间伸进去把上衣领口撑开，然后从宝宝头部套过；接着把袖子沿袖口折叠成圆圈形，妈妈的手从中间穿过去后抓住宝宝的手腕从袖圈中轻轻拉过；最后，轻抬起宝宝的上身，把上衣拉下去。

再穿裤子：把裤腿折叠成圆圈形，妈妈的手指从中穿过去后抓住新生儿的足腕，将脚轻轻地拉过去，并把裤子拉直。最后把衣服整理平整。

给宝宝穿衣服时动作要轻柔，要顺着其肢体弯曲和活动的方向进行，不能生拉硬拽。

4 换尿布

换尿布时，一只手伸入小屁屁下方，托住宝宝的臀部和腰部抬起宝宝，在臀部下方铺平尿布。注意不要提起宝宝的脚踝，以免造成臀关节和大腿关节错位。把宝宝的屁股放在尿布中间，折回尿布，注意不要盖住肚脐。可以使用尿布罩，注意尿布不要从腿部的缝隙露出来。

宝宝的腿总是两脚伸开自然形成 M 字形的姿势。垫尿布时，要尽可能垫松一些，只垫上胯股部分即可。脱下尿布时，先打开尿布罩，从两腿之间打开尿布的前侧，抬起宝宝的腰臀部，抽出尿布。

5 给宝宝一个好环境

宝宝居室应选择向阳、通风、清洁、安静、舒适、简洁、明快的房间。

不能让宝宝住在刚粉刷或刚油漆过的房间里，以免中毒。

室温应在 18~22℃，相对湿度控制在 50%~60% 为佳。

居室最好不铺地毯，地毯易藏污垢，不仅是致病原还可能是过敏原，也不利于宝宝日后的行走练习。

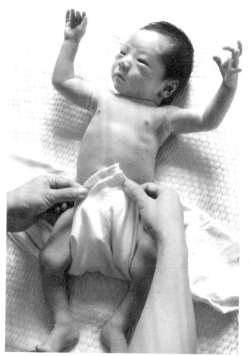

换尿布时，把宝宝的屁股放在尿布中间，折回尿布，注意不要盖住肚脐。

习惯培养

初生就有好习惯

1 培养宝宝良好的睡眠习惯

新生儿因胃容量小，可夜间哺乳 1~2 次，从 3 个月起可逐渐停止夜间哺乳，延长夜间睡眠时间。

逐渐培养按时睡眠的好习惯，不要轻易干扰宝宝的睡眠时间。不拍、不摇、不含奶头入睡，培养宝宝自行入睡的好习惯。

白天觉醒时间延长，晚上能睡大觉。每天按时上床，为宝宝创造安静、舒适的睡眠环境。睡前陪伴宝宝，早晨宝宝醒来后能看到妈妈熟悉的笑脸，听到愉快的问候。

2 培养宝宝独立睡眠的习惯

让宝宝从小就在自己的小床上独睡，对宝宝的身心发育非常有益。尽量避免怀抱宝宝边摇边让其入睡，或搂着宝宝共睡一个被窝。宝宝与父母同房不同床，这样既便于父母照顾宝宝，又有利于培养宝宝的独立意识。

3 培养宝宝良好的饮食习惯

母乳喂养提倡按需喂养，但经过一段时间后，宝宝自己就能适应 3 小时左右吃一次奶。喂奶前半小时不要给宝宝喂水。喂奶前可先用语言和动作逗引宝宝，以形成时间性条件反射，这对保持食欲有利。

靠坐哺乳时，在妈妈的后背放一个厚度适宜的枕头，哺乳会相对轻松很多。

妈妈早教 10 分钟

装点宝宝的小床

妈妈应该用可爱的玩具和鲜艳的色彩装点宝宝的小床。宝宝不仅要躺在小床里睡觉、游戏，还要在小床里学站、练爬。摇篮床使用中要定期检查活动架的活动部位，保证连接可靠，螺钉、螺母没有松动，以确保宝宝用力运动也不会翻倒。

实木质地的小床结构牢固，稳定性好。可升降的床栏有利于宝宝进出，但要当心不要挤伤了宝宝的小手小脚。

温柔抚触

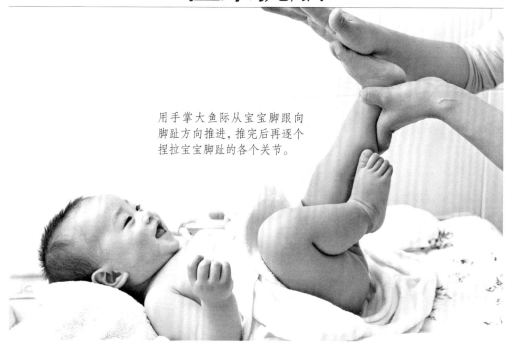

用手掌大鱼际从宝宝脚跟向脚趾方向推进，推完后再逐个捏拉宝宝脚趾的各个关节。

1 松开包被，手脚自由舞动

过去人们习惯把新生儿，甚至是 2~3 个月的宝宝包在襁褓中，宝宝的胳膊、腿和身体都被裹得紧紧的，认为宝宝这样才能睡得踏实。这样做虽然避免了宝宝肢体抖动和身体颤动，但是却极大地影响了运动能力的正常发育，是非常不科学的。宝宝只有在足够的活动空间下，呼吸功能才能得到促进，情绪也才会更加活跃，各方面的智能才能更快发展。

2 给宝宝四肢抚触

经常被父母抚摸并拥抱的宝宝，一般都会有温和安静的性格，对宝宝的智力及健康的心理发育都有积极作用。

3 训练宝宝四肢的能力

新生儿天生就具有"行走"的反射能力，这种反射能力一般会在出生 6~10 周后消失。因此，这时候可以充分利用宝宝的这种能力进行锻炼。但是，如果宝宝不喜欢就不要勉强，宝宝生病时不要做，早产儿也不宜做这项训练。

具体做法：妈妈双手托住宝宝的腋下，用大拇指扶好头，不要给宝宝穿鞋袜，让宝宝光脚接触床的平面。这种训练要当游戏来做，一边逗宝宝，一边喊节奏。行走训练可以在吃奶半小时或睡醒后进行，每天做 3~4 次，每次 2~3 分钟即可。坚持几天，你会发现宝宝竟然能协调地"迈步"。

情商培养

多进行情感交流

1 多拥抱，多抚摩

经常抱抱宝宝、亲亲宝宝吧，让他了解你无时无刻都在他的身边关注着他，让他经常沐浴在爱的氛围中，这样会让他感到安全和满足，以后会性格温和，处事理智，充满爱心。

2 多和宝宝说话

多和宝宝说话，并且让"我爱你"成为每一天的前奏和尾声，这样不仅让宝宝感觉到了爱，也让他学会了怎样去表达爱。婴儿期父母的爱，是他心理和情感的需求，可避免他日后形成冷漠、对人不信任的不良性格。所以，从现在开始，请一定让他时时刻刻地感受到你的爱和温暖。

如果宝宝持续不断地哭，什么办法也没用，那可能是宝宝病了，要尽快看医生。

3 读懂宝宝的哭

饿了：宝宝哭声洪亮，头来回活动，嘴不停地寻找，并做着吸吮的动作，只要一喂奶，哭声马上停止。吃饱后会安静入睡，或满足地四处张望。

病了：宝宝不停地哭闹，什么办法也没用。有时哭声尖而直，伴发热、面色发青、呕吐，或者哭声微弱、精神萎靡、不吃奶，这就表明宝宝生病了，要尽快请医生诊治。

冷了：当宝宝冷时，哭声会减弱，并且面色苍白、手脚冰凉、身体紧缩。这时把宝宝抱在温暖的怀中或加盖衣被，宝宝觉得暖和了，就不再哭了。

热了：如果宝宝哭得满脸通红、满头是汗，一摸身上也是湿湿的，被窝很热或宝宝的衣服太厚，那么减少铺盖或减衣服，宝宝就会慢慢停止啼哭。

尿湿了：有时宝宝睡得好好的，突然大哭起来，好像很委屈，赶快打开包被！噢，原来是尿布湿了，换块干的，宝宝就安静了。

不舒服了：可能是宝宝做梦了，或者是宝宝对一种睡姿感到厌烦了，想换换姿势可又无能为力，只好哭了。那就拍拍宝宝，或给他换个体位，他又接着睡了。

思维游戏

熟悉声音的世界

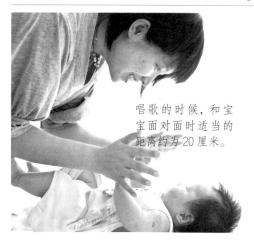

唱歌的时候，和宝宝面对面时适当的距离约为20厘米。

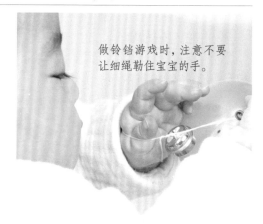

做铃铛游戏时，注意不要让细绳勒住宝宝的手。

1 语言能力训练——一起来唱歌

游戏前的准备：外形比较简单，且色彩鲜艳的玩具。

这样玩

① 宝宝躺在床上，家长手拿玩具，在宝宝的视线范围内慢慢移动，家长可以模仿一些小动物的声音，吸引宝宝的注意。

② 把你的手放在宝宝的肚子、脸庞、肩膀、小手、小脚上，轻轻地按摩，并面带微笑地呼唤："宝贝，亲爱的小宝贝！"

益处多多：促进宝宝的语言理解能力，发展宝宝的视觉能力，同时也丰富了父母与宝宝之间的情感交流。

温馨小贴士：为了提高宝宝的兴趣，每过一段时间可以拿一些不同的玩具加入游戏。玩具离宝宝不能过近，不然会让宝宝感到危险和不安全。

2 听觉能力训练——小铃铛响啊响

游戏前的准备：大小合适的铃铛。

这样玩

① 将铃铛系在宝宝的手上或脚上，宝宝自己动手或动脚的时候，铃铛就会响起。

② 妈妈一边摇晃宝宝的手或脚，使铃铛轻响，一边轻轻地和宝宝说："宝宝听，什么响？宝宝听，铃儿响……"

益处多多：多让宝宝接触声音、习惯声音，从而提高宝宝的听觉记忆能力。

温馨小贴士：铃铛上不能有毛刺或者锋利的边缘，以防划伤宝宝。铃铛不能太响，以免刺激到宝宝的耳膜。宝宝睡觉的时候，解下铃铛，以免刚醒来的时候被吓到。

3 视觉能力训练——看黑白照片

游戏前的准备： 几张黑白照片，如靶心图、大方块、各种形状的简单图形。

这样玩

① 把几张黑白的卡片，如靶心图、大方块、各种形状的简单图形，依次让宝宝看。

② 每次最好只看一张，而且时间也不要太长。

③ 观察一下宝宝的眼睛注视哪张图片的时间长，就说明对哪种图片的图形感兴趣。

益处多多： 刚出生的宝宝只对黑白的东西感兴趣，看图片能刺激宝宝的视觉发育。

温馨小贴士： 眼睛和图片距离保持20~35 厘米。

4 动作能力训练——俯卧抬头

游戏前的准备： 宽敞干净的小床。

这样玩

① 给宝宝练习俯卧抬头时，要注意他手的位置。

② 宝宝手放在侧面时，主要由胸、肩支撑头；手放在胸前时，主要由胳膊来支撑头。

③ 如果手放侧面抬不起头，这时可把他的手移到胸前，让宝宝的头与身体成90 度角，这样就容易抬起头了。

益处多多： 可以锻炼宝宝的肌肉，也可锻炼宝宝脖子的稳固性，尽早抬起头来看世界。

温馨小贴士： 注意练习时间不要太长，一天 5 次，每次 1~2 分钟。

5 感知觉能力训练——玩毛绒球

游戏前的准备： 颜色鲜艳的毛绒球。

这样玩

① 将颜色鲜艳的毛绒球放在宝宝眼前约35 厘米的地方。

② 慢慢地上下、左右移动，来吸引宝宝的注意力。

③ 也可以轻轻挠挠宝宝的肌肤，蹭蹭宝宝的小脸和小手臂。

益处多多： 既锻炼了宝宝的感知能力，也培养了宝宝的注意力和反应力。

温馨小贴士： 注意别弄到宝宝的眼睛里。

宝宝还不能很好地控制头颈部的肌肉，抬头后会趴下，反复2~3 次宝宝就可能累了。

第 2 章

* 继续丰富感觉学习内容(抚摩、对话、对视、看物等)。

* 逗引发音。

育儿
要点

* 训练有规律的生活习惯。

* 练习俯卧抬头,每天 2 次,
每次半小时以上。

* 合理营养,坚持母乳喂养,
预防肥胖症。

* 户外活动,坚持日光浴(弱阳光)、空气浴、水浴。做婴儿体操。

1~2 个月
宝宝会笑了

身体发育·男宝宝

第 2 个月的体重 _____ 千克(正常范围 5.54±0.70 千克)

第 2 个月的身长 _____ 厘米(正常范围 57.9±2.2 厘米)

第 2 个月的头围 _____ 厘米(正常范围 39.2±1.1 厘米)

身体发育·女宝宝

第 2 个月的体重 _____ 千克(正常范围 5.17±0.49 千克)

第 2 个月的身长 _____ 厘米(正常范围 57.6±2.2 厘米)

第 2 个月的头围 _____ 厘米(正常范围 38.1±1.2 厘米)

生长发育特征

宝宝爱看也爱听

宝宝的脊柱发育还不完善，竖抱时，要两只手上下一起托着宝宝。

1 宝宝的视觉集中更明显

宝宝视觉集中现象越来越明显和频繁，特别喜欢集中看活动的物体和大人的脸，并能跟随追踪物体。正常婴儿1个半月到2个半月会有眨眼反射，将手掌慢慢逼近他眼前，他就会眨眼。

2 宝宝能分辨声音的方向

宝宝的听觉渐渐加强，能辨别声音的方向，能安静地听较轻快、柔和的音乐，并表现出愉快的情绪，喜欢大人和他说话，对噪声表示不快。

3 宝宝能大幅度地舞动手脚了

宝宝竖抱时，头稍能挺直，并能随视线转动。宝宝的双手活动也很频繁、有力。经常本能地将手伸到头部，用手抓搔眼睛、耳朵，并将手伸进口中吸吮。情绪愉快时，手臂和腿能做较大幅度的舞动。

4 对声音和触摸有反应

新生儿对大人的声音和触摸可产生反应，包括看、听，表现安静和愉快等。2~3个月时，宝宝以笑、啼哭、伸手等行为以及眼神和发声表示情绪变化。2个月的婴儿有愉快或不高兴的面部表情。

5 宝宝的"咿咿呀呀"

1个月是反射性发声阶段，由生理上的需要做出哭喊反射。1个月后出现条件反射性发声，用不同的声音表示不同的意思。2个月开始"咿呀"学语，以发声为快乐，可以发"啊""咿""唔"等音。

喂养指导 # 人工喂养和混合喂养

1 人工喂养

妈妈因各种原因不能喂哺婴儿时,可选用配方奶或其他代乳品喂养婴儿。专家建议,最好选择配方奶。

配方奶是根据母乳的营养成分,重新调整搭配奶粉中酪蛋白和乳清蛋白、饱和脂肪酸和不饱和脂肪酸的比例,减少了矿物盐含量,加入了适量的营养素,包括各种维生素、乳糖、精炼植物油等物质。

选择奶粉时要注意以下几点:要根据宝宝的月龄选择配方奶;包装要完好无损;包装上注明生产日期、生产批号、保存期限等,还要注意保存期限最好是钢印打出的,确保没有涂改过。

2 混合喂养

混合喂养是指如母乳分泌不足或因工作原因白天不能哺乳,需加用其他代乳品的一种喂养方法。它虽然比不上纯母乳喂养,但还是优于完全人工喂养,尤其是在产后的几天内,不能因母乳不足而放弃。

方法一:尽量多喂母乳。如果母乳不足或因其他因素不能哺乳,而减少喂母乳的次数,会使母乳越来越少。母乳喂养次数要均匀分开,不要很长时间都不喂母乳。

方法二:夜间妈妈休息,乳汁分泌量相对增多,宝宝需要量又相对减少,最好用母乳喂养。但如果母乳量太少,宝宝吃不饱,就会缩短吃奶间隔,影响母婴休息,这时就要以配方奶为主了。

妈妈早教 10 分钟

配方奶浓稀要适合

用配方奶粉喂养宝宝时,切忌过浓或过稀。过浓可能引起宝宝腹泻、肠炎,过稀就会造成营养不良。忌食污染变质和开罐后存放时间过长的配方奶粉。配制过程要注意卫生,奶瓶也要及时消毒。

奶粉的配方不尽相同,大致分为0~6个月、6个月至1岁、1~2岁、2岁以上等。

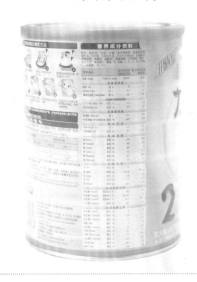

3 配方奶喂养须知

早产儿要选用早产儿配方奶粉，不满 6 个月的选用 1 段配方奶粉等。未满月的宝宝，每天喂奶 7~8 次，2 个月后每天喂奶 5~7 次。宝宝每次吸吮的时间以 15~20 分钟为宜。

在给宝宝喂奶粉时，要抱起宝宝，让他舒服地躺在自己怀里喝奶，让他在整个过程中都能感受到妈妈的关爱。

4 配方奶冲调步骤

①需准备奶瓶、奶嘴、杯子、有刻度的勺子、漏斗、水壶等。②将适量经冷却处理的沸水倒入消过毒的奶瓶中，水温以 40~45℃为宜。③用带刻度的勺子取精确份量的配方奶粉，使奶粉的表面与勺子齐平，将奶粉倒入装有适量温水的奶瓶中。④盖上奶瓶的瓶盖，充分晃动瓶身，直到奶粉全部溶解。⑤在冲调配方奶粉时，请按照说明书上的调配说明进行。

5 配方奶喂养操作步骤

在给宝宝喂奶前，用热水冲一下奶瓶，或将奶瓶在热水中泡一会儿。

冲调奶粉的时候，水温以 40~45℃为宜，可滴一滴在自己手腕上，不感到烫手即可。

用奶瓶给宝宝喂奶时，以坐姿为宜，让宝宝头部靠着妈妈的肘弯处，背部靠着前臂处，呈半坐姿并微微倾斜。先用奶嘴轻触宝宝嘴唇，刺激宝宝的吸吮反射，然后将奶嘴小心放入宝宝口中。

奶瓶也要保持一定的倾斜度，奶瓶里的奶始终充满奶嘴，防止宝宝吸入空气。中断喂奶后，不可强行将奶嘴拽出，而应轻轻地将小指滑入宝宝嘴角，方可拔出奶嘴，中断宝宝吸奶的动作。

宝宝吃饱后，要让他伏在你的肩上或坐在腿上，轻拍背部，帮助他排出在吃奶过程中进入胃里的气体。没喝完的奶应倒掉，将奶瓶、奶嘴清洁干净，以备下次冲奶用。

注意宝宝吸吮状况，若吞咽过急，则奶嘴过大；反之，就可能奶嘴过小。

日常养护

抚摩、选背袋、抱宝宝

1　抚摩宝宝之前的准备

室温保持在 22~26℃。妈妈应该去掉戴在手上的手表、戒指和手链等，以免抚触时划伤宝宝的皮肤。

抚触前，妈妈应先用热水洗净双手，擦干。在手心倒入一些按摩油摩擦双手，以温暖手心增加润滑度。准备好干毛巾、给宝宝换洗的衣服和尿布，抚触后及时擦干宝宝的身体，换好衣服和尿布。

2　抚摩从头开始

先从宝宝头面部开始，从宝宝额前中央向两侧推，然后两拇指从下颌部中央向两侧滑动，让宝宝的唇形成微笑状。在宝宝出牙期间，抚触口腔周围能使宝宝感到很舒服。

妈妈两手从宝宝前额发际抚向脑后，最后两中指分别停在脑后，就像在给宝宝洗头一样。

3　胸、腹部的抚摩

妈妈用双手从宝宝的胸部外下方向对侧上方交叉推进，在胸部画个大的交叉。

妈妈用手以宝宝的肚脐为中心，顺时针方向做腹部按摩。双手交替进行。

4　四肢、背部按摩

对宝宝的小胳膊和小腿从上到下呈螺旋式按摩，妈妈用拇指从手心（脚心）向手指（脚趾）推进。

背部按摩可以放在最后做，让宝宝采取俯卧姿势，以脊柱为中分线，妈妈的双手与宝宝脊柱成直角，向相反方向移动，由背部上方到臀部，再到肩膀，重复多次。

对宝宝进行轻柔的爱抚，不仅仅是皮肤间的接触，更是一种母婴之间的爱的传递。

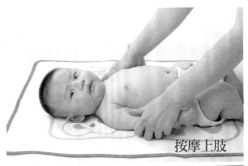

按摩上肢

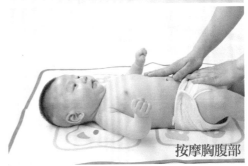

按摩胸腹部

按摩下肢

5 要正确选购背袋

婴儿背袋一般包括前抱式（面向妈妈或背向妈妈）、横抱式和使用头部保护带式等多种功能，可以根据婴儿的大小、体重来选择。

购买背袋时还要注意内衬材料和搭扣的安全性和环保性。最好带着宝宝去试一试，再决定是否购买。大部分背袋的肩带可调节长短，还有背袋底部有缝制拉链，可依宝宝体型大小做调整。

夏季使用的背袋要选择底部设计成网状布，通风性良好，配备了置物口袋的。

给6个月以内的宝宝使用，最好选择有枕头和婴儿颈部保护带的产品，可以保护新生宝宝颈部，睡着时不会因倾斜而伤及颈部。

6 背袋使用有讲究

婴儿背袋除了要让妈妈使用方便外，同时也要让宝宝感觉舒适。对于2个月以内的宝宝，由于颈部肌肉尚未发育成熟，暂勿使用坐姿背袋，可以横抱。

为了宝宝舒适，哺乳后约30分钟才宜使用。6个月以后的宝宝对外界的好奇心和探索精神都大大增强，所以应该让他面朝外坐在背袋里，使宝宝的视野变得开阔。如果宝宝体重较大，要注意背袋的承重能力。

7 怎样抱宝宝

抱宝宝两种正确的方法是：腕抱法和手托法。

妈妈早教 10 分钟

腕抱法：将宝宝的头放在右臂弯里，肘部护着宝宝的头，右腕和右手护背和腰部，左小臂从宝宝身上伸过护着宝宝的腿部，左手托着宝宝的屁股和腰部。这一方法是比较常用的姿势。

手托法：用左手托住宝宝的背、颈、头，右手托住他的小屁股和腰。这一方法比较多用于把宝宝从床上抱起和放下。

习惯培养

快乐宝宝招人爱

1 培养宝宝用手触摸奶瓶的习惯

大约从 2 个月开始，宝宝开始学习使用自己的小手来触摸和感知物体，妈妈用奶瓶给宝宝喂奶时，可以让他手扶奶瓶；喝完奶以后，可以让他捏一捏奶嘴。10 个月以后的宝宝可以尝试自己握持奶瓶。

2 培养宝宝爱笑的习惯

在宝宝面前走过时，轻轻抚摸或亲吻宝宝的鼻子或脸蛋，笑着对他说"宝宝笑一个"，也可用语言或带响的玩具引逗宝宝，或轻挠他的肚皮，激发他挥手蹬脚，甚至"咿呀"发声，或发出"咯咯"笑声。

注意观察哪一种动作最易引起宝宝大笑，经常有意重复这种动作，使宝宝高兴而大声地笑。这种条件反射是有益的学习，可以逐渐扩展，使宝宝对多种动作都大声快乐地笑。快乐的宝宝招人爱，也能合群，是具有良好性格的开端。

3 坚持"行走"的习惯

新生儿的步行反射是原始反射之一，这种反射会在出生 6~10 周后消失。爸爸妈妈抱稳宝宝，让他短暂地在大腿上踩几下，练习"行走"，巩固和强化这一反射，有助于宝宝在 10~11 个月前后顺利学会行走。另外，爸爸妈妈抱着宝宝，模拟站立"行走"，视野比躺着扩大，宝宝的认知能力可以得到加强、加快。早产婴儿、佝偻病患儿不宜练"行走"。

妈妈早教 10 分钟

出门必备纸尿裤

纸尿裤是宝宝较重要的必备贴身小物品之一，尤其当宝宝满月后，出门的机会越来越多时，妈妈就更需要为宝宝选择合适的纸尿裤，并及时地更换了。

每天用亲切温柔的声音逗宝宝笑一会儿，宝宝能更早学会发音和说话。

智能训练

逗一逗，学发音

他笑了妈妈就笑，宝宝人生中一种重要的能力——沟通能力，从现在就开始强化了。

1 引逗发音发笑

面对着宝宝，使他能看得见口型，用亲切温柔的声音试着对他发单个韵母 a（啊）、o（喔）、u（呜）、e（鹅）的音，逗着宝宝笑一笑，玩一会儿，以刺激他发出声音。快乐情绪是发音的动力。

在宝宝精神愉快的状态下，拿一些带响、能动、鲜红色的玩具，边摇晃边逗他玩，或与他说话，或用手胳肢胸脯，他将报以愉快的应答微笑。

2 视力集中训练

继续按 1 个月时那样训练，当宝宝视力集中时，可将人（物）距离变远；也可把宝宝抱起，让他观察眼前出现的人（物），待视力集中后，缓慢移动人（物），让其追视。

宝宝喜欢看彩色的图画，当看到喜欢的图画时会笑，挥动双手想去摸；看到不熟悉的图画时，会因为新奇而长久注视。

3 让宝宝进行动作训练

进行抬头训练。抬头训练，有竖抱抬头、俯腹抬头和俯卧抬头。父母拿着带响的玩具逗引宝宝，经过训练，宝宝不但能抬起脸部观看前面响着的玩具，而且下巴也能短时间离床，双肩也能抬起来。这样就丰富了视觉信息，增强了颈部张力。

进行转头练习。将宝宝背靠妈妈胸腹部，面朝前方，爸爸在妈妈背后时而向左、时而向右伸头呼唤宝宝的名字或摇动带响的玩具，逗引宝宝左右转头。

4 呢喃学语

满月后，宝宝由最初的哭声到可以发出可爱的"呜""啊"的声音了。这是宝宝在学话呢，这时妈妈一定要积极回应，和宝宝说话，一言一语地对答，可以增加宝宝发音的乐趣。妈妈温柔的声音能使宝宝有安全感，从而促进宝宝心智平稳地发展。

情商培养

宝宝的快乐，你懂吗

1 水浴、空气浴、阳光浴

水浴是宝宝天生就喜欢的运动，洗澡不仅能清洁皮肤、预防感冒，更重要的是，洗澡时的皮肤按摩、擦身体本身就是很好的触觉训练。

阳光、空气是生命中不可缺少的要素，阳光浴、空气浴也是宝宝健康成长不可缺少的，宝宝健康才更快乐。天气好的时候，一定要抱宝宝外出接受微风吹拂、沐浴阳光。但是，不可让宝宝接受暴晒。沐浴时间一般每日 3~5 分钟，以后逐渐增加。

2 吸吮手指

宝宝此时吸吮手指是智力发展的信号，通过吸吮手指，进而学会抓握玩具，不仅为日后手眼协调打下基础，还可以培养宝宝以后的生活自理能力。吸吮手指还是一种自我满足的行为，当宝宝肚子饿或感到疲劳、生气时，吸吮手指就会安静下来。父母应每天清洗宝宝的小手，给宝宝勤剪指甲，鼓励他尽情玩耍小手。

3 认物说话

如果宝宝刚睡醒，并且兴致不错，妈妈可以引导他看周围环境。他的目光注意到什么，就马上告诉他这是什么，是做什么用的，并且可以反复强调，直到他的目光转移到别处为止，以便为宝宝以后的社交能力打基础。

妈妈早教 10 分钟

和宝宝说 "悄悄话"

当宝宝哭时，妈妈要用温和亲切的语调哄他，如 "唉呀，宝宝怎么了？别哭了，妈妈在这儿呢"，并观察宝宝的反应；在喂奶时，轻轻呼唤他的乳名，反复对他说："×× 饿了，妈妈给你喂奶来了！" 无论给宝宝做什么事，都要用柔和亲切的声音、富于变化的语调与宝宝讲些 "悄悄话"。

当宝宝疲劳、肚子饿或者生气时，吸吮手指会让宝宝安静下来。

多抓握，宝宝更灵活

思维游戏

要在宝宝情绪好的时候做诱导发音训练。

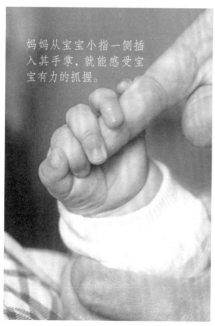

妈妈从宝宝小指一侧插入其手掌，就能感受宝宝有力的抓握。

1 语言能力训练——诱导发音

游戏前的准备：手机。

这样玩

① 宝宝睡醒并吃饱后，当宝宝自己发出"啊，啊"的声音时，妈妈要在一旁学习宝宝的声音，促进宝宝不断发音。

② 当宝宝睡醒后，妈妈要学习宝宝发出的声音或是播放宝宝发音的录音，诱导宝宝做出响应。

益处多多：训练宝宝主动发音，为以后说话奠定基础。

温馨小贴士：要经过几个月的经常练习，宝宝才能有意发出声音，也才能学习讲话。在发音练习的过程中要有人经常诱导，才能引起宝宝多发出声音。

2 精细动作能力训练——抓握有力的小手

游戏前的准备：干净、整洁的床。

这样玩

把宝宝平放在床上，轻轻抚摸宝宝的小手。妈妈用食指接触宝宝的手掌时，他的小手能握住不放。

益处多多：训练宝宝小手的抓握能力，提高宝宝手的灵活性。

温馨小贴士：游戏之前，洗净妈妈、宝宝的双手，并为宝宝修剪指甲。

3 视觉能力训练——眼睛追视

游戏前的准备：绿色小球。

这样玩

① 妈妈手里拿着一个绿色小球，在宝宝眼前 30 厘米处左右晃动，也可把宝宝抱起来，让他观察眼前的小球，待视力集中后，缓慢移动，让其追视。

② 宝宝喜欢看彩色的东西，当看到喜欢的东西时，自然会做出笑的表情或发出声音，挥动双手想去摸；如果看到不熟悉的东西，会因为新奇而长时间注视。

益处多多：宝宝能够追视，说明他两侧眼肌能互相协调，头颈部的运动与视觉协调一致了。此训练可以锻炼宝宝眼球肌肉的协调和灵活运动，还能培养头、颈部的协调和视觉集中的能力，长期练习，可以促进宝宝追视分辨能力的形成，为宝宝认物做好准备。

温馨小贴士：小球千万不要离得太近，以免误伤宝宝眼睛。平常宝宝躺着时，妈妈多移动和他说话，观察宝宝眼睛能否追随妈妈目光和声音。

4 动作能力训练——扶腋运动

游戏前的准备：干净、整洁的床。

这样玩

托住宝宝的腋下，用两手大拇指控制好头部，让其光脚板接触床面或桌面来练习。

益处多多：扶着宝宝的腋窝仍可以迈步，说明他还保持着很好的先天步行的反射能力。妈妈要不断地为宝宝练习，保持住这种先天的能力，可以为日后的独立行走打下很好的基础。

温馨小贴士：如果宝宝不能主动迈步，就马上让宝宝休息，这种情况说明他的这种先天能力消失了。

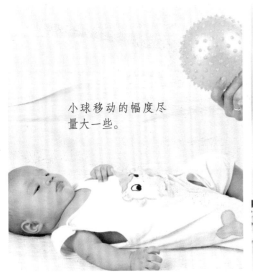

小球移动的幅度尽量大一些。

尽量用大拇指支撑他的头颈，他就会用力地又蹬又颠，主动锻炼下肢。

第 3 章

*协助宝宝够取、拍打、触摸眼前玩具。

*不要戴手套束缚小手运动。

**育儿
要点**

*增加手部精细运动能力训练。

*增加大小肌肉运动能力训练。

*准备家庭"小运动场",学会翻身。

*注意预防佝偻病。

*发音训练:讲故事,听音乐,母子对话。

*填写智能、体格发育表,评定发育状况。

*丰富感觉,学习多看、多听、多触摸。

*吸吮手指是半岁以内宝宝的专利,是宝宝认知的探索,不要干涉。

2~3 个月
"手指"好神奇

身体发育·男宝宝

第 3 个月的体重 _____ 千克(正常范围 6.65 ± 0.70 千克)

第 3 个月的身长 _____ 厘米(正常范围 61.6 ± 2.2 厘米)

第 3 个月的头围 _____ 厘米(正常范围 41.2 ± 1.1 厘米)

身体发育·女宝宝

第 3 个月的体重 _____ 千克(正常范围 6.12 ± 0.50 千克)

第 3 个月的身长 _____ 厘米(正常范围 59.9 ± 2.0 厘米)

第 3 个月的头围 _____ 厘米(正常范围 39.4 ± 1.2 厘米)

生长发育特征　**宝宝爱笑也爱动**

1 宝宝常常注意自己的小手

2个多月的婴儿视觉功能比较完善，头眼协调较好，视线能跟随鲜明的物体移动，逐渐能够集中看距离较远的带有声音、色彩鲜艳、活动的物体，最远视觉距离逐步达到4~7米。同时，他也常注视自己的小手。

2 可以分辨妈妈的声音了

2个多月的宝宝听觉也有了明显的发展，头可转向声源，听到悦耳声时会微笑。可以分辨妈妈的声音，如正在哭闹时听到妈妈的声音，可停止哭闹，显出专心听的神态。

3 头能灵活地随视线转动

2个多月的宝宝能挺直头，能更灵活地随视线转动。俯卧时能稳固地抬头。手能抓起身旁的衣被，经常把手放在嘴里，吸奶时能用手扶奶瓶。蹬腿动作比较有力，经常把腿脚举高又放下。

4 宝宝的"社会性"微笑

2个多月的宝宝，当感到愉快时可有意识地微笑，并可以发声大笑。有意识地微笑是婴儿社会行为的表现，称为"社会性"微笑，它是婴儿智能发育的重要标志，这一阶段是人生"社会化"的开始。婴儿期是语言发育的准备阶段和开始阶段。

妈妈早教 10 分钟

不要给宝宝戴手套

　　有些父母为了防止宝宝抓脸或吃手，就给宝宝戴上手套，其实这样做弊多利少。手是智慧的来源、大脑的老师。手的乱抓、不协调活动等是精细动作能力的发展表现。宝宝通过吃手，进而学会抓握玩具、吃玩具，这种探索是心理、行为能力发展初级阶段的表现，是一种认识过程，也是一种自我满足行为，为日后手眼协调打下了基础。

当宝宝第一次笑时，你可以亲切地抚摸着宝宝的小手、小脸，对宝宝说："宝宝会笑了！"

喂养指导

补充钙和维生素 D

1 何时开始补充维生素D

纯母乳喂养：根据世界卫生组织的规定，纯母乳喂养的婴儿在 4 个月前是不需补充钙剂的，母乳中所含的钙完全可以满足 4 个月内的婴儿的需要。维生素 D 有利于促进钙的吸收，但母乳中含维生素 D 量极少，所以宝宝出生后两周开始补充维生素 D，尤其是寒冷季节或晒不着太阳的地区出生的宝宝更应注意，并要给哺乳妈妈补维生素 D。

人工喂养：人工喂养的宝宝，也应在出生后两周就开始补充维生素 D。

2 妈妈应尽早补钙

妈妈在孕期和哺乳期就应注意钙的补充，多吃些含钙多的食物，如海带、虾皮、豆制品、芝麻酱等。牛奶中钙的含量很高，可以每日坚持喝 500 克牛奶。也可以吃钙片，另外多晒太阳以利于钙的吸收。

3 补钙时要注意

配方奶中添加了比例适当的维生素 D 和钙，母乳喂养或有缺钙现象的宝宝可根据医生的指导适量补充维生素 D 或钙。是否缺钙以及补多少、怎么补需咨询医生，不可自行决定给宝宝补钙或随便买钙片给宝宝服用。

4 补充足量的维生素 D 依旧可能患佝偻病

对于占绝大多数（95% 以上）维生素 D 缺乏性佝偻病，经过正规补充是可以纠正的。但对于少数非营养性的维生素 D 缺乏性佝偻病则不然，经过常规预防或治疗仍不见效的佝偻病，应去医院做正规检查，要排除一些家族性低磷血症。

5 补充维生素 D 时要注意

适量：6 个月以内宝宝维生素 D 的补充量为每日 400 国际单位，早产儿为每日 800 国际单位，长期过量补充会发生中毒反应。

及时补：如果是早产儿更应该及时、足量补充。

医生指导：当宝宝出现佝偻病时，医生会根据病的轻重程度决定维生素 D 的治疗量和服用方法，父母不要自行增加维生素 D 的用量。

给宝宝补充维生素 D，应在医生指导下服用，并不是越多越好。

6 快乐日光浴

阳光是最好的维生素D "活化剂"，因为阳光照射皮肤，使皮肤下面的脂肪物质转变成维生素D，这是人体维生素D的重要来源。阳光还能促进宝宝的血液循环，帮助宝宝吸收钙质，使宝宝的骨骼、牙齿、肌肉发育得更强健。

开始做日光浴时，先晒晒宝宝的脸和手脚；4~5天后再把裤腿卷到膝盖；再过4~5天，可以晒到大腿。按这种顺序，每过4~5天就可多裸露一点，顺序为腹部→胸部→背部→全身。

宝宝每次日光浴的时间从2分钟开始，每隔一两天可增加1分钟，经过1个月的过渡期延长至20分钟左右。

由于长时间过多接触日光中的紫外线，易刺激皮肤，易增加长大后患皮肤癌的危险，故6个月内的宝宝不宜进行日光浴。

7 按需哺乳，给宝宝足够的营养

按需哺乳是指哺乳时不要限定间隔时间，宝宝饿了或妈妈感到奶涨了，就可以喂奶。"按需哺乳"可以使宝宝获得充足的乳汁，并且有效地刺激泌乳。

喂奶时伴随着宝宝的吸吮动作，你可听见宝宝"咕噜咕噜"的吞咽声。

哺乳前妈妈感觉到乳房涨满，哺乳时有下乳感，哺乳后乳房变柔软。

两次哺乳之间，宝宝感到很满足，表情快乐，眼睛很亮，反应灵敏，入睡时安静、踏实。

当宝宝睡眠时间长而妈妈乳房涨时，可用冷毛巾擦宝宝额头，以唤醒宝宝并喂奶。只要妈妈与宝宝"同吃同睡"，就不会感到累。

8 舒服的哺乳姿势，让宝宝吃得好、营养足

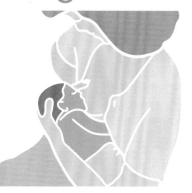 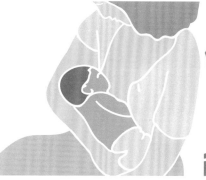 

坐下，用枕头或靠垫支撑你的后背，把一只胳膊放在枕头或靠垫上，把宝宝的身体和腿放在另一只胳膊肘下方，用手托住宝宝的头，让宝宝的嘴和你的乳头吻合。

坐下，用前臂托住宝宝的背部，用手托住宝宝的臀部或者大腿，使宝宝的头部枕在你的胳膊肘弯处，面向乳头。这样，宝宝的脸、胸、腹部和膝盖都面向你。

侧躺，让宝宝也面向你侧躺，在宝宝身下和你的肩部、头部垫上枕头，保持你的腹部贴着宝宝的腹部，左臂（或者右臂）环抱宝宝，使你的乳头高度正适合宝宝吃奶。

日常养护

体验多种睡姿

1 仰卧睡

仰卧睡姿自然，安全性高，父母还可随时观察宝宝的反应，但长期采用这种睡姿，宝宝的头型容易睡扁，影响脸型；溢乳时也易回流，阻塞口鼻。仰睡时，卧床四周不要放过多东西，被子不要遮住宝宝的口鼻。

仰卧睡时，被子不要遮住宝宝的口鼻。

2 俯卧睡

俯卧睡姿的宝宝有安全感，还能帮助腹胀的宝宝排气。但俯卧睡姿可能造成宝宝猝死，父母也不易观察到宝宝的异常状况。一般白天可采用此种姿势，但要给宝宝更大的活动空间，父母也要随时查看情况。

俯卧睡时，要随时查看宝宝的情况。

3 侧卧睡

宝宝侧睡时呼吸较顺畅，可避免呕吐时被分泌物呛到。但宝宝不宜长期维持这一种睡姿，父母也要经常帮助宝宝变换睡姿。

溢乳的宝宝应该侧卧睡。

4 多种睡姿有利于身体发育

长期一种姿势睡可能造成宝宝面部或头部偏向一侧，多种睡姿可以锻炼宝宝的活动能力。如侧卧可以帮助宝宝练习翻身，俯卧可以锻炼宝宝的颈部肌肉。俯卧位睡的时间不必硬性规定，只要宝宝高兴，俯卧位睡眠也能使宝宝睡得踏实而舒服。对于溢乳的宝宝，侧卧位是防止误吸的好办法，可以防止造成宝宝窒息。

妈妈早教 10 分钟

别把小手看得太紧

有的父母听说戴手套不好，就盲目摘掉，采取更加严密的监护，双眼盯着宝宝的双手，一看宝宝手动，立即用双手抓着宝宝的双手，不许宝宝动。宝宝不耐烦地哭闹，父母也累得够呛，真是"眼累""手累""心也累"。

5　不会睡成歪头

有的父母担心宝宝头型会睡歪,其实只要不是固定一侧卧位,左右侧卧位勤更换就不会睡成歪头。

6　不要包"蜡烛包"

"蜡烛包"最大的害处是不符合宝宝生理和心理发育的特点。包裹过紧不仅有碍宝宝的呼吸,影响胸腹及心肺的发育,还严重限制了宝宝的活动。包裹得过紧不透气,在炎热的夏季还会捂出痱子,发生皮肤糜烂感染。可以让宝宝穿上小上衣,然后放在睡袋里,既不用担心弄散包被,导致着凉感冒,又有利于宝宝活动。

7　安抚奶嘴的选择

安抚奶嘴分为空心、实心两种,空心的弹性佳,耐拉力强,较实心更安全、理想。最好不要购买有多种型号混装的套装产品,有时宝宝并不一定都用得上。

8　使用安抚奶嘴有讲究

使用安抚奶嘴的时候一定要注意卫生,以免将细菌带入宝宝口腔,造成宝宝身体不适。

使用安抚奶嘴时间不能过长。一般情况下,宝宝 1 岁时就该开始戒了,最晚不能超过 4 岁,否则宝宝下颚骨骼定型以后,要矫正牙床就要费很大功夫了。

在新生儿学会吸吮母乳之前,不要使用奶嘴。因为母乳喂养前先吸橡皮奶嘴,宝宝就会拒绝母乳。

不要随意给宝宝安抚奶嘴。当宝宝吵闹、不安时,父母应先留意宝宝吵闹的时间和情境,试着解读他的需要:是饿了、困了,还是要大人抱,然后再决定是否给他安抚奶嘴。

9　防止宝宝斜眼看人

爸爸妈妈喜欢在宝宝的床栏中间系一根绳,将一些颜色鲜艳、可爱有声的玩具挂在上面,逗引宝宝追着看。如果经常这样做,就会使宝宝的眼睛较长时间地向中间旋转,有可能发展成内斜视,俗称"斗鸡眼"。正确的方法是,把玩具悬挂在围栏的周围,并经常更换玩具的位置。挂玩具不要挂得太近,以免使宝宝看得很累,最好常抱宝宝到窗前或户外,看远处的东西。

安抚奶嘴应选择用硅胶材质制成的,它的质感软硬适中,更接近妈妈的乳头,宝宝比较容易接受。

习惯培养

讲卫生，睡眠好

1 培养宝宝排便讲卫生的习惯

专心排便：排便时，不能养成喂饭、吃零食和玩玩具的不卫生习惯。

从前向后擦屁股：给宝宝（尤其是女婴）擦屁股，要坚持从前向后的原则，因为从后向前会造成尿道口的污染，而引发尿道炎、膀胱炎。

经常洗屁股：每晚要给宝宝洗屁股，因为大便后总会有少量粪便污染肛门周围。况且，女婴的阴道分泌物、尿液、皮脂是细菌繁殖的良好环境；男婴残余尿液在包皮内沉淀而形成有特殊臭味的白色奶酪样的包皮垢，它可刺激包皮发炎。

洗刷便盆：每次排便后，将便盆洗刷干净。

2 培养宝宝睡枕头的习惯

宝宝会抬头时，脊柱弯曲，肩部也逐渐增宽，这时可以开始用枕头了。枕头高度以 3～4 厘米为宜，软硬要合适。枕芯以荞麦皮或泡过茶后晒干的茶叶为好，软硬度合适，吸湿性、透气性强，且能清洗。给宝宝用绿豆、蚕沙等做枕芯，这是不可取的。较硬的枕芯会硌破宝宝娇嫩的头部皮肤。

3 培养宝宝良好的睡眠习惯

宝宝这个时期是以睡为主的，所以要给宝宝创造良好的睡眠条件，比如保持屋内光线不要太亮，声音不要太吵，但是也不必一点声音也没有，以防宝宝养成有一点声音就无法睡觉的习惯。

宝宝的枕头高度以 3~4 厘米为宜，枕套以柔软、吸汗的棉布为好。

妈妈早教 10 分钟

宝宝生活要规律

注意培养宝宝良好的生活习惯，晚上减少喂奶次数，早饭后定时大便，使生活有规律。注意把握宝宝大小便规律，及时给宝宝更换尿布，保持宝宝皮肤干爽。

给宝宝唱胎教时常听的儿歌，熟悉的旋律会让宝宝变得安静。

智能训练

会听，会唱，运动棒

1 听音乐

给宝宝听音乐可以先听一些孕期妈妈反复听过的、宝宝熟悉的轻柔舒缓的胎教音乐。听音乐的时间也可选择孕期听音乐的固定时间，如清晨或晚上临睡前。

随着宝宝的成长，可逐步增加一些适合宝宝听的清脆活泼的音乐。音乐的熏陶对宝宝的智能发育和情感发展都有着积极的作用，固定的时间会刺激宝宝神经网络的良好建构。

2 唱儿歌

经常给宝宝哼唱一些宝宝儿歌、童谣，注意每次时间不要太长，声音也不宜过大。0~3 个月的宝宝处于简单发音的阶段，爸爸和妈妈要多给宝宝各种不同的语调和声音的刺激，可以有效促进宝宝智力的提高。

3 拉坐

宝宝在仰卧位时，父母握住宝宝的手，将其拉坐起来。注意让宝宝自己用力，父母仅用很小的力，以后逐渐减力，或仅握住父母的手指拉坐起来，宝宝的头能伸直，不向前倾。每日训练数次。

4 活动肢体

用松紧带在床栏上吊响铃，另一头拴在宝宝的任意一个手腕上。父母先拉动松紧带使响铃发出声音，开始宝宝会全身使劲摇动松紧带使铃作响，以后他学会只动一个手腕就将铃摇响。

当父母离开宝宝床铺时，一定要解开拴住的松紧带，以免宝宝在活动时将绳子缠住肢体而妨碍血液循环。

情商培养

出声，微笑，找妈妈

1 亲近妈妈

妈妈走来时，宝宝显出快乐和急于亲近的表情。只有经常和宝宝逗乐的妈妈，才能引起宝宝这种亲近的激情。

亲近妈妈是宝宝到 3 个月时出现的情感，到 6~7 个月时就越来越明显，以至拒绝生人到 "怯生" 的程度。

2 会出声搭话

宝宝愉快时，父母可用愉快的口气和表情，或用玩具，让他发出 "呃" "啊" 声，或 "咯咯" 的笑声。

一旦逗引宝宝主动发声，就要富有感情地称赞他，亲热地抚摸他，以示鼓励，并与他你一言、我一语地 "对话"，诱导宝宝出声搭话。

3 见人会笑

这个时期的宝宝会寻找父母，见人高兴，这是宝宝通过有目的的微笑与人进行 "交谈"，模样非常机灵。

要多接触宝宝，培养其与人交往的意识。比如站在他面前，先看他是否有兴奋得手脚乱动、发笑等反应，若无反应，则做各种动作引逗他发笑。

4 该不该抱哭泣的宝宝

3 个月内的宝宝，有的只要妈妈一抱起来，立即不哭，这是因为宝宝感到无聊了，需要有人陪他玩，跟他说话。

妈妈应该细心了解他为什么哭，排除各种干扰因素，如饿了、尿了、环境太吵等，先不要抱他，而是抚摸他、对他微笑、跟他说话来安慰他，可以使他养成独立、自制的性格。

妈妈早教 10 分钟

照镜子，促进自我意识形成

将宝宝抱坐在镜子前，对镜子中的宝宝说话，引导宝宝观察镜子中的自己和爸爸妈妈，以及相应的动作。宝宝刚开始肯定会觉得很奇怪也很新鲜，慢慢地就能促进宝宝自我意识的形成。

用夸张的表情引逗宝宝，他就会高兴地和你搭话。

滚一滚，学翻身

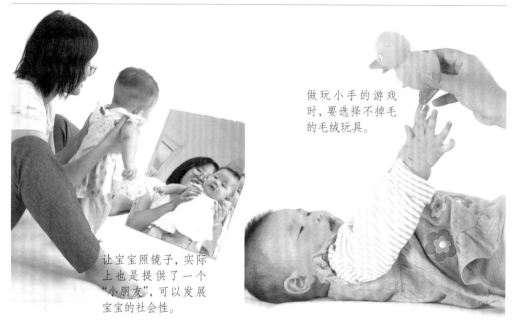

做玩小手的游戏时，要选择不掉毛的毛绒玩具。

让宝宝照镜子，实际上也是提供了一个"小朋友"，可以发展宝宝的社会性。

1 发音能力训练——你好，宝宝

游戏前的准备：一面镜子。

这样玩

① 妈妈对着镜子中的宝宝打招呼："你好，宝宝！"并且做出招手的动作，表示向宝宝问好。

② 妈妈指着镜子中宝宝和自己的影像，对宝宝说："这是宝宝，这是妈妈。"

③ 妈妈对着镜子做出各种表情，让宝宝注意镜中妈妈的表情。

益处多多： 促进宝宝发音，从而提高宝宝的左脑语言能力。

温馨小贴士： 每天练习2~3次，每次不超过5分钟；注意宝宝的表情，不要让宝宝感到疲劳。

2 精细动作能力训练——玩小手

游戏前的准备：带柄玩具或毛绒玩具。

这样玩

① 妈妈拉着宝宝的小手，吸引宝宝看自己的小手，玩自己的小手。

② 妈妈在宝宝的小手中塞入带柄的玩具或毛绒玩具。

益处多多： 锻炼手眼协调能力，刺激手的触觉发育，促进宝宝双手的灵活性。

温馨小贴士： 游戏前洗干净妈妈和宝宝的手，并为宝宝修指甲，妈妈要注意把宝宝的小手露出来。

选择颜色鲜艳的球,更能
引起宝宝的兴趣。

3 视觉能力训练——看滚球

游戏前的准备: 干净、整洁的桌子, 小球。

这样玩

① 妈妈抱着宝宝, 爸爸将球从桌面的一侧滚到另一侧, 注意让宝宝观看, 宝宝最好可以追视达 180 度。

② 宝宝最喜欢观看快跑的汽车、会飞的鸟儿、会跑的猫, 父母可以经常让宝宝到户外观察活动的物体, 增强他的兴趣。

益处多多: 锻炼眼球肌肉的协调运动, 培养头、颈部的协调能力。

温馨小贴士: 宝宝看球滚动时, 爸爸妈妈此时要告诉宝宝"这是球", 这能培养宝宝的语言能力和认知能力。

4 运动能力训练——骨碌骨碌滚一滚

游戏前的准备: 干净、舒适的床。

这样玩

① 妈妈和宝宝一同俯卧在床上或软垫上, 妈妈翻身示范给宝宝看, 并引导宝宝和自己一起翻身。

② 边翻身边念儿歌:"骨碌骨碌滚一滚, 滚一滚呀滚一滚, 滚出一个小球球。"说到"小球球"时, 抱一下宝宝。

益处多多: 可以锻炼宝宝的脊柱和全身肌肉, 帮助宝宝学会滚动, 从而提高宝宝的活动能力, 树立和增强自信心。

温馨小贴士: 在宝宝玩得兴致很高的时候, 爸爸可以给宝宝示范一些如前滚翻、后滚翻等有一定难度的动作, 激发宝宝的运动兴趣。

第 4 章

* 会翻身并够取玩具，注意别摔伤。

* 丰富视听训练内容，如儿歌、童谣等。

育儿要点

* 让宝宝多看、多听、多摸、多闻、多尝。

* 叫宝宝的名字，让宝宝做出反应。

····· 3~4 个月 ·····

宝宝抬头，想翻身

身体发育·男宝宝

第 4 个月的体重 _____ 千克（正常范围 7.43 ± 0.89 千克）

第 4 个月的身长 _____ 厘米（正常范围 64.6 ± 2.4 厘米）

第 4 个月的头围 _____ 厘米（正常范围 42.2 ± 1.0 厘米）

身体发育·女宝宝

第 4 个月的体重 _____ 千克（正常范围 6.91 ± 0.64 千克）

第 4 个月的身长 _____ 厘米（正常范围 62.6 ± 2.0 厘米）

第 4 个月的头围 _____ 厘米（正常范围 40.8 ± 1.2 厘米）

生长发育特征
有与众不同的个性

1 会摇头了
这个月宝宝到了非常招人喜欢的月龄，不但头部能完全挺立，听到声音也会转过头去；俯卧时，会用两手支撑，长时间地抬起头；抓到带响的玩具时，会胡乱挥舞。

2 有记忆了
这个月的宝宝，不仅能看清东西，对看过的东西也有了部分记忆；在看见大人吃东西时，嘴巴还会做出咀嚼的样子；看见妈妈离开，可能会大声地哭。

3 会自言自语
这个月的宝宝，不但能分辨大人的声音，还会出声"说话"。他经常自言自语、咿咿呀呀说个不停，也知道自己的名字，叫他时会有回应。

4 能吃又能睡
宝宝喝奶量在这个时期因人而异，每次喝120~200毫升都不足为奇。还会在上下午各睡一觉，每次2小时左右，晚上8点左右正常入睡。

5 会主动与父母交流
这个月的宝宝，会试着用各种方法与父母交流，并用频繁的微笑、假装的咳嗽声、热切的眼神及转头、用小手遮脸等方式表达自己的情感需求。

6 有自己的个性和脾气
此时宝宝能抬头也能翻身，有个性也有脾气；他吸吮自己的手指，还会握住身体之外的东西，更常常把衣被踢开；他会用哭声和笑声表达自己的情绪……

多与宝宝接触和玩耍，培养宝宝好的脾气与性格。

喂养指导

宝宝需要奶瓶

1 需要几个奶瓶

喂养方式	数量	容量	用途
纯母乳喂养	2个	250毫升	妈妈有事外出时，可以将母乳挤在奶瓶中
	1~2个	120毫升	喂水和果汁（6个月以后喝）
混合喂养和人工喂养	4~6个	250毫升	喂奶
	1~2个	120毫升	喂水和果汁（6个月以后喝）

2 奶瓶的选购有讲究

选购奶瓶时应选择瓶身透明度好，没有太多的图案和色彩，没有异味（用废弃工业塑料加工的奶瓶有刺鼻的异味），硬度高，耐清洗消毒的奶瓶。察看奶嘴的基部，宝宝在吸吮的时候，嘴唇会抵住这里；奶嘴孔的大小，以将奶瓶倒立时奶汁一滴一滴连续滴出为宜。

3 单纯使用奶瓶不超过 1 岁

单纯使用奶瓶喂养宝宝的时间不要超过 1 岁，而且从七八个月开始，就应让宝宝习惯于用调羹喂饭，教宝宝用水杯（学饮杯）喝水。

妈妈在用奶瓶喂宝宝的时候，除了要观察宝宝吃奶的情况，还应该轻声地和宝宝进行交流，"你饿了吗？我们来吃奶吧""你吃得真好"。但是不要用玩具逗宝宝，要让宝宝养成专心吃饭的好习惯。

宝宝每次的进食量会有所波动，偶尔剩下一些奶也不要紧，不要强迫宝宝全部吃完，也不要让宝宝含着奶嘴玩耍。一般情况下，每次喂 20 分钟左右，看到宝宝吸吮速度明显放慢，就可以不再喂了。

4 食具应消毒

婴儿用的食具，如奶瓶、奶嘴、水瓶、做果汁的小碗、小勺等，每次用完都要消毒。最好准备两个奶瓶，替换使用。

消毒方法：将奶瓶洗干净，放入有凉水的锅内，水面要盖过奶瓶，加热煮沸 5 分钟，用夹子夹出，盖好待用。橡皮奶嘴可在沸水中烫 3 分钟。每次用完后，立即取下清洗干净，待下次用时用沸水浇烫即可。

使用奶瓶消毒器更加便捷，妈妈可根据自己的情况选择消毒方法。

5 溢乳怎么办

宝宝溢乳，即"吐奶"，是新生儿常见的现象。新生的宝宝可能是仅在嘴角流出一点奶液，随着年龄增长，溢出的奶量可能增加。所以，每次喂奶后都要竖立着给宝宝拍嗝，让宝宝把吸入的空气排出来。由于宝宝颈部支撑力不足，拍嗝时要让宝宝的头靠在自己肩上。持续竖立抱10~15分钟，喂奶后不要立即给宝宝换尿布，以减少宝宝吐奶的发生。

6 能给宝宝添加辅食吗

一般情况下，对于纯母乳喂养发育良好的宝宝，6个月前妈妈的乳汁基本上能满足宝宝的全部需要。但6个月后，宝宝生长发育速度加快，妈妈的泌乳量已不能满足宝宝的需要，就需适量添加一些辅食。

7 拒绝吃奶怎么办

宝宝吃了两口奶就停下来不再吸吮了，这种情况可能是由宝宝鼻塞引起的，应为宝宝清除鼻内异物，并认真观察宝宝的情况，如有异常，立即就医。

宝宝吃奶时，突然啼哭，害怕吸吮。这可能说明宝宝口腔受到感染，如鹅口疮等，吮奶时因碰触而引起疼痛。父母平时要细心观察，如有异常，立即就医。

宝宝精神不振，出现不同程度的厌吮现象。这可能是因为宝宝患了某种疾病，尤其是消化道疾病，应立即就医。

8 饮食不宜过甜

产后，有些妈妈恢复了产前吃零食的习惯，殊不知巧克力、糕点、薯片、人造黄油等，会损害宝宝的视力。

而特别喜欢吃甜食的宝宝，可使体内大量的维生素 B_1、微量元素铬等被消耗掉，从而引起视力发育不良。因此，要控制宝宝的饮食不要过甜。

处在哺乳期的妈妈，要遵循控制食量、提高品质的原则，尽量做到不偏食。除此之外，尽可能多吃富含蛋白质、维生素的食物。

妈妈喂奶后应竖着抱宝宝10~15分钟，由于宝宝头部的支撑力不够，可以让宝宝的头靠在自己的肩上。

日常养护

以宝宝舒适为主

1 宝宝的护肤用品

除了传统的润肤霜、护臀霜等，还有可治疗湿疹的祛疹膏；兼有清洁、保湿、保护作用的清洁润肤乳液（护理臀部）、保湿身体乳等产品。如有过敏反应，应马上停止使用，严重的应马上就诊。

夏季外出前涂防晒露及防蚊水，南方蚊虫较多，宝宝睡觉时最好使用蚊帐。

2 要购买温和、滋润的护肤品

质量要好：要购买主要由牛奶蛋白、天然植物油或植物提取液制成，温和滋润，能有效保护宝宝肌肤，还有预防湿疹、尿布疹、痱子和蚊虫叮咬作用的产品。

需要时候再买：宝宝沐浴用品要现用现买，买时注意使用期限。如果不是非常需要，不要购买促销或套装产品，以免造成浪费。

3 使用护肤品有讲究

3 个月以内的宝宝：可以不用洗浴清洁用品，而只用清水洗澡。或者洗头发时不用洗发水，直接用洗发沐浴液。

周岁以内的宝宝：可以不用面部润肤用品。夏季注意选择外出的时间（早晨 10 点以前，下午 4 点以后到户外活动），并注意遮阳，可以不用防晒露，同时注意最好选择没有香味的护肤用品。

4 围嘴的购买不可马虎

市场上围嘴产品有背心式的，也有罩衫式的，有些颈部可调节大小，适合宝宝跨月龄使用。

围嘴一般采用纯棉材料，透气、柔软、舒适、吸水性好，宝宝喝水、吃饭、流口水时都不用担心弄湿衣服。有些围嘴采用粘胶设计，穿起来更方便。

不要使用橡胶、塑料或油布做成的围嘴，尤其是较冷的天气或宝宝皮肤过敏时最好不要使用。如果使用，最好在这类围嘴的外面罩上一块纯棉布围嘴。围嘴不宜过大，四周也不要有很多荷叶边或机织的花边，式样大方、活泼就可以了。

换下的围嘴每次清洗后要用开水烫一下，最好能在太阳下晒干备用。

纯棉制成的围嘴柔软、吸水性好，宝宝用起来更舒适。

5 围嘴的使用有讲究

低龄宝宝更适合使用围嘴，穿脱和换洗都很方便。系带式的围嘴不要系得太紧，喂完饭或宝宝独自玩耍时，最好不要戴，以免造成意外。

围嘴的作用主要是防脏，不要把它当作手帕来使用。揩抹口水、眼泪、鼻涕等最好仍用纸巾。

6 要选择光滑无刺的草席

草席即用植物纤维做的凉席，它的特点是质地松软，吸水性好，又不像竹席那样太凉。注意要选择光滑无刺的草席。

7 草席应铺上棉布床单

宝宝不能直接睡在草席上，要在席子上铺上棉布床单，以防过凉，也可避免宝宝蹬腿擦破皮肤，又可以吸汗。

8 要注意凉席的卫生

使用前一定要用开水擦洗凉席，然后在阳光下暴晒，以防宝宝皮肤过敏。凉席尿湿后要及时清洗，晾干。如果宝宝睡后身上出现小红疹，要立即离开凉席，并找医生诊治。

9 空调的使用要适当

安装位置：空调要安置在离宝宝远一些的地方，千万不能直接对着宝宝吹，也不要老是固定朝一个方向吹。

使用适当：开空调的时间不要太长，风速不要太大，制冷的温度也不能太低，室温降到 28℃左右就可以了。

适当换气：开空调后，间隔一定时间后应开窗通风，使室内空气新鲜。冬天通风时，让宝宝到隔壁房间，以免着凉。

不宜时机：在宝宝吃饭、睡觉、大小便、换衣服时，尤其注意不宜直接吹空调。

妈妈早教 10 分钟

宝宝头皮上的乳痂可以抠掉吗

假如宝宝头皮上长了乳痂，可使用烧热后凉凉的植物油（首选橄榄油，其次为花生油或菜籽油），在长乳痂的部位涂敷薄薄的一层，再用温水清洗，这样很容易除掉头垢，千万不要用手直接去抠。

习惯培养　宝宝也能"做主"

1 尊重宝宝自身的"生物钟"

宝宝的身体本身就有自己的规律性，知道何时休息、何时醒来，这就是"生物钟"。父母要做的就是了解宝宝自身的规律并根据具体的季节变化，制订适合宝宝的活动日程和作息时间；然后，父母要和宝宝一起认真地执行这个计划。

如果没有什么特别的事情，宝宝的起床时间最好由宝宝自己决定，不要拘泥于家长的意愿或者其他权威的建议。"日日睡到自然醒"是人生一大幸福，不要轻易让宝宝失去它。"日出而作，日落而息"，宝宝喜欢遵循大自然的安排。

2 养成宝宝定时排便的习惯

注意观察宝宝的生活规律，一般在睡醒及吃奶后宝宝会大小便，此时注意给宝宝及时更换尿布。

平时养成规律的生活习惯，形成一套可把握的"程序"，及时关注宝宝的吃喝拉撒问题，让宝宝干净健康，自己也省心。

3 培养宝宝良好的饮食习惯

宝宝出生后 2~3 个月，人工喂养的宝宝可在医生指导下服用多种维生素复合制剂，以促进铁的吸收。出生后 6 个月起，要逐渐添加含铁较多的辅食。

含铁、蛋白质较多的食物有动物肝脏、猪心、猪肚、猪血、瘦肉、鱼虾、黄豆、黑木耳、芹菜。维生素 C 可帮助铁的吸收，含维生素 C 较多的水果有橘子、芦柑、酸枣、猕猴桃等。用铁锅做菜、煮饭，一些铁质溶解于汤、饭中，也可补充铁质。

要经常变换菜谱花样，改变食物的色、香、味、形，诱导宝宝对各种食物都有良好的食欲，培养良好的饮食习惯。

平时给宝宝喂饭的时候，要帮助宝宝养成良好的卫生习惯。

咿呀学语，玩游戏

1 翻身

两次喂奶中间，宝宝处于觉醒状态时，可进行翻身练习。将宝宝放置于硬板床上，取仰卧位，衣服不要太厚；把宝宝左腿放在右腿上，以妈妈左手握宝宝左手，使宝宝产生翻身动作。以妈妈右手指轻轻刺激宝宝背部，使宝宝主动向右翻身，翻至侧卧位，进一步至俯卧位。还可配合用玩具放在宝宝身体一侧，逗其翻身，并稍稍给予帮助。每日数次，用不了多久，宝宝就会自己翻身了。

2 逗逗飞游戏

宝宝靠卧在妈妈腿上，妈妈两手抓住宝宝双手，教他把两食指尖对接再分开，同时说"逗逗……飞，逗逗……飞"，慢慢地当宝宝一听到"逗逗飞"时，自己就会做动作。这种游戏可锻炼宝宝的手眼协调能力和言语动作协调能力。

3 捉迷藏游戏

妈妈让宝宝躺着或靠被子坐着，他会看看周围环境中让他感兴趣的事物，然后让宝宝注意自己的脸，用手帕或手蒙住自己的脸，并逗引他说："妈妈在哪儿？"接着露出笑脸，同时说，"喵……喵……妈妈在这里。"这个游戏主要锻炼宝宝协调他人语言和动作的能力。

4 咿呀学语

养成与宝宝交谈的习惯。平时见到什么就对宝宝说什么，干什么就讲什么。尽管宝宝还不明白这些话的意思，但他会和着你的声音，嘴里发出"啊""喔""呃""啊咕""啊布"等音来，他在用自己的特殊语言和你交谈。没有这时期的训练就难以有日后优秀的语言素质。

平时和宝宝说说话，引导宝宝回应，有利于宝宝语言能力的发展。

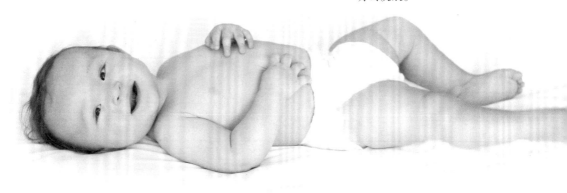

情商培养

关爱多一点

1 回应宝宝的微笑

积极地回应他的微笑，给他一个拥抱，亲亲他的小脸，告诉他：妈妈好喜欢微笑的宝宝。这种回应能让他学会用微笑面对今后成长中的挫折与困难。

2 母爱是宝宝心灵成长的基础

信任、热情这些积极情绪也是从宝宝最初的这几个月里开始养成的。宝宝对充满爱意的、赞许的、欢乐的声音都十分敏感，你可以经常用这种语气鼓励他、赞同他，充满爱意地叫他。

3 沐浴给宝宝的情绪感受

胎儿时期在羊水里的生活使宝宝天生喜欢水，洗澡时妈妈可以给宝宝讲解"洗洗宝宝的小手""洗洗宝宝的小脚丫"等，也可以给宝宝唱几句欢快的童谣，让宝宝体会到快乐的情绪。

4 与人的交往

带宝宝进行户外活动，遇到熟人时，挥动宝宝的小手，让宝宝也向对方问候，经常这样有意识地锻炼，能培养宝宝积极社交的意识。

思维游戏

发发音，念念数

1 语言能力训练——发辅音

游戏前的准备：带响的玩具，如能发声的娃娃；干净、整洁的床。

这样玩

① 拿一个带响的玩具，一边逗他玩，一边喊"宝宝 ná（拿）住"。

② 训练一段时间后，注意宝宝能否发出"ma""na"等近似音。妈妈在教发音时，要放慢速度，拖长声音，一次只教一个辅音，宝宝学会后再教新的。

益处多多：训练宝宝模仿唇形，学习发辅音。

温馨小贴士：宝宝要训练一段时间后才能发出辅音，妈妈要有耐心。

2 数学能力训练——唱数

游戏前的准备：让宝宝躺在整洁安静的室内。

这样玩

① 拉起宝宝的双手做体操。

② 每做一个动作就喊一个数字，然后不断重复"一二三四，五六七八"。

益处多多：让宝宝在不知不觉中熟悉数字的顺序，从而提高宝宝左脑的数学能力。

温馨小贴士：唱数训练也可以融入妈妈和宝宝的日常活动，如上楼梯时。

第 5 章

育儿
要点

* 预防缺铁性贫血。

* 适当晒太阳促进钙吸收。

* 每日扶坐、扶站、扶蹦,引导抓悬吊玩具。

* 学认人、认物,听儿歌、童话、音乐。

* 发音练习:"啊啊""喔喔""咯咯""爸爸""妈妈"。

4~5 个月
各种能力大大提高

身体发育·男宝宝

第 5 个月的体重 _____ 千克(正常范围 8.00±0.93 千克)

第 5 个月的身长 _____ 厘米(正常范围 66.9±2.2 厘米)

第 5 个月的头围 _____ 厘米(正常范围 43.0±1.3 厘米)

身体发育·女宝宝

第 5 个月的体重 _____ 千克(正常范围 7.85±0.75 千克)

第 5 个月的身长 _____ 厘米(正常范围 65.0±1.8 厘米)

第 5 个月的头围 _____ 厘米(正常范围 41.8±1.2 厘米)

生长发育特征

越来越可爱了

1 五官"长开"了

宝宝已逐渐成熟起来，眉眼等五官已经"长开"了，脸色红润而光滑，并显露出活泼、可爱的模样，但身长、体重的增长速度开始减慢。

视力范围已达到几米远，他不但喜欢看电视、照镜子，而且开始注意一些小东西。和父母对视时，宝宝的眼神还会流露出感情交流的喜悦。

2 手脚已经很灵活了

此时的宝宝会用手去抓悬吊的玩具；仰卧时，双脚会不停地踢蹬；妈妈用双手扶着腋下，就可站立一段时间；有的宝宝甚至可以独自坐一小会儿。

4个月的宝宝在仰卧时，双脚会不停地踢蹬，父母可以借此机会做婴儿抚触操。

此时的宝宝会不厌其烦地重复某一动作，经常故意把手中的东西扔在地上，拣起来又扔，可反复20多次。也常把一件物体拉到身边，推开，再拉回，反复操作。

3 会升高和降低声音

宝宝开始用母语的许多节律和特征咿呀学语，尽管听起来分辨不出说什么，但如果仔细听，你会发现他会升高和降低声音，好像在发言或者询问一些问题。

4 用表情表达内心想法

这个月的宝宝，开始用表情来表达自己内心的想法，他不但能区分亲人的声音，还能识别熟人和陌生人，并对陌生人产生认生的表情，做出躲避的姿态。

5 睡眠比以前减少了

此时的宝宝睡眠时间明显减少，一般夜间睡10小时，白天睡2~3觉，每次睡1.5~2小时。白天的活动持续时间延长到2~2.5小时。

6 哭着喊"ma-ma"

这一天，期待已久的那声"ma-ma"，终于夹杂着宝宝的哭声出现了。的确，对宝宝来说，妈妈是他最亲近、最重要的人，他需要把自己的喜怒哀乐在第一时间传递给妈妈。而作为妈妈的你，千万别忘了抱起宝宝，好好亲亲他哦！

喂养指导

哺乳工作两不误

1 宝宝还需要母乳

此时宝宝正逐渐长大，对营养素的需求量也逐渐增加，如果不是纯母乳喂养，增添适量辅食是必要的，但如果辅食添加不当，易引起消化不良。更何况宝宝从母体中获得的抗感染物质也逐渐消耗、减少，抗病能力下降。

如果此时以配方奶或其他代乳品等完全代替母乳，就更不容易消化吸收，宝宝可能会发生胃肠功能紊乱，影响其生长发育，所以千万不要随便放弃母乳喂养。

2 母乳不足，应混合喂养

如果宝宝一周的体重增长低于 200 克，可能就是母乳不足了，就需要给宝宝添加部分配方奶粉，进行混合喂养。具体办法是：

准备配方奶 150 毫升，如果宝宝一次都喝完了，好像还不饱，下次就冲 180 毫升，但最多不要超过 180 毫升。如果吃不了，再减下去。

如果宝宝仍然饿得哭，夜醒次数增加，体重增长不理想，可以一天添加两次或三次配方奶，但不要过量，否则会影响母乳摄入。

3 哺乳、工作可兼顾

对于上班族妈妈而言，用吸奶器把奶水吸出，冷藏或冷冻起来供宝宝第二天享用，是继续母乳哺喂的不错选择。

带着吸奶器和消毒奶瓶上班，在工作场所找一个适当的地方挤奶，如私人办公室、储藏室、化妆室等。挤奶时靠近洗手台，使溢出的奶汁不弄湿衣服，最好穿两截式的打底衣服以方便挤奶。

最好每过两三个小时就挤一次奶。每次吸奶可能要 15~25 分钟，不要与工作时间冲突。吸完奶后，应在储奶容器外面贴好标签，注明详细的时间，给宝宝按时间先后食用。

上班前喂足宝宝，下班回家马上给宝宝喂奶，如果条件允许，中午也给宝宝喂一次。其他时间，冷冻起来的奶就可以满足宝宝的需要了。

冲调配方奶时，按比例冲配，注意：每次冲泡量不要超过 180 毫升。

4 喂奶间隔应掌握好

母乳喂养，一般每 2~3 小时喂 1 次，每天 6~7 次。

人工喂养，每 3~4 小时喂 1 次，每次 150 毫升，夜间可减去 1 次。维生素 D 要按时服用。

5 如何轻松挤母乳

准备工作：清洗双手，保证所有容器和用具（如奶瓶、杯子、吸奶器等）都经过消毒。

放松自己，喝水、听音乐或想一下给宝宝喂奶的情景，从而刺激乳汁分泌。

按摩乳房，从乳房顶端开始，用手指紧紧压着胸骨，手指打圈以一点为中心进行按摩。以此法按摩乳房每个部位，并用指尖向乳头方向轻轻拍打乳房。

手动挤母乳：用大拇指和其余 4 个手指夹住乳头周围的乳晕部位，让手指平铺在乳房上，朝着胸部轻推，然后大拇指和其他 4 个手指一同握紧乳房向前挤压，直到乳汁泌出。

用吸奶器挤母乳：

①手动吸奶器：把吸奶器的漏斗放到乳晕上，使其密封好；拉开外筒，把乳汁从乳房里吸出来。把装满乳汁的内筒盖好，放入冰箱冷藏。

②自动吸奶器：把吸奶器的漏斗放到乳晕上，使之完全密封，然后打开开关，它就会自动吸奶；吸得差不多之后，关掉开关，把乳汁冷藏备用。

③储存：将挤出的母乳分成小份，每份 60~120 毫升，或以宝宝的 1 次喂食量为准，放进经过消毒的干净容器中，待冷却后放入冰箱冷藏或冷冻。应在每个容器上贴好标签，记上日期，这样方便取用储存时间最长的奶。

手动挤母乳时，动作要轻柔。

妈妈早教 10 分钟

宝宝长奶癣怎么办

不用担心，80% 的宝宝都会有奶癣，一般在 4 个月左右会消退，晚的 1 岁左右会退。

奶癣药膏一般都有激素的成分，可以适当选用，一般儿童专用的软膏其激素含量比较少，相对安全。如果奶癣严重到全身都是，应就医。

日常养护　# 用药、理发、剪指甲

1 如何给宝宝喂药

调药: 喂药水时应首先摇匀; 给粉剂、片剂时, 可将药用温开水调匀后再喂。

喂药时: 抱起宝宝, 取半卧位, 防止药物呛入气管内。如果宝宝不愿吃, 就扶住宝宝头部, 用拇指和食指轻轻地捏宝宝双颊, 使宝宝的嘴张开, 用小匙紧贴嘴角, 压住舌面, 药液就会慢慢从舌边流入, 宝宝吞咽后再把小匙从嘴边取走。

2 喂药时应注意

遵医嘱用药: 宝宝用药量的多少与年龄及体重有关, 也与其生理解剖特点及病情的轻重有关, 因此宝宝用药量应遵医嘱。

消除恐惧心理: 喂宝宝吃药之前说"哎呀, 真好吃""吃了药, 病就好了", 宝宝慢慢就会消除恐惧, 变得不那么抗拒了。

含铁制剂的药不要用配方奶冲服: 配方奶中含有大量的磷酸盐, 它可以使铁发生沉淀, 妨碍铁的吸收。

3 不要给宝宝滥用止咳糖浆

吐痰排毒: 有痰的咳嗽可以将身体内有毒物质排出体外, 对人体是有益的, 父母不必过分着急。

止咳糖浆有副作用: 小儿止咳糖浆大多含有桔梗流浸膏、氯化铵、苯甲酸钠等药物成分, 长期过量服用会有副作用。

慎用止咳药: 有的父母给宝宝服用止咳糖浆, 经常用一种不行再换一种, 或两种药物合用, 结果适得其反, 病情越来越重。

宝宝生病时, 妈妈要让宝宝多喝水, 睡足觉。

4 如何选购理发器

最好选购宝宝专用安全理发器，设计了储屑盒，可以收纳头发屑；带有静音设计的，方便在宝宝熟睡时使用；配有陶瓷刀头的可以修剪细软头发，而且使用更安全。价格偏低的理发器使用时就要特别注意安全，并仔细阅读使用说明。

购买理发器之前最好向用过的朋友咨询，或者要求商家演示其各种功能，尤其要考虑使用的安全性，用前的装配及用后的清洁是否方便。

5 给宝宝理发应注意

父母给宝宝理发，使用安全理发器并仔细阅读说明书，注意使用安全，用后收好。

妈妈在给低龄宝宝理发时，最好有他人帮助，如果宝宝哭闹，最好不要强迫他，等他安静下来或者睡着了再理。

请理发师上门为宝宝理发，要注意理发师是否具有给婴儿理发的丰富经验，理发用具是否经过消毒，以避免交叉感染。

宝宝理发没有特别的时间规定，可根据头发生长速度及性别不同，1~2个月理一次发。

6 指甲钳的选购有讲究

可以选购在头部设计了放大镜的，方便妈妈看清宝宝细小的指甲；在手柄上设计手指圈位的，防止滑脱；在指甲钳外加有一个塑料套子的，其安全挡板可限制宝宝手指过度伸进指甲钳内，避免弄伤小手指。

购买前仔细阅读产品说明，或要求售货人员进行演示，确保产品功能符合你的要求。

7 剪指甲宜每周一次

宝宝的指甲生长迅速，每周剪一次，以防宝宝抓伤自己。在宝宝熟睡时给他剪指甲比较好。

给宝宝剪指甲时，妈妈要捏紧手指、脚趾，以防他突然醒来，且用手轻轻把宝宝指甲与指甲下面的肉分开，以免剪到宝宝的肉。先剪中间部分，然后再剪两头，妈妈的手指跟着移动，这样不易碰到宝宝的手指头。指甲钳使用后及时收好。

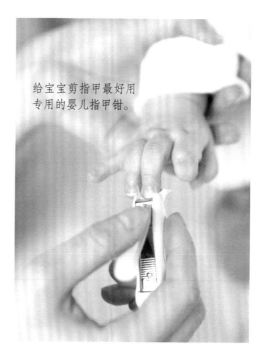

给宝宝剪指甲最好用专用的婴儿指甲钳。

习惯培养

好习惯和坏习惯

父母要在宝宝睡偏头的另一边，放宝宝喜爱的玩具，吸引她回头看，可以逐渐纠正偏头。

1 宝宝能看电视吗

有些家长反对宝宝看电视，怕影响视力，还担心电视辐射会对宝宝身体造成不利影响，过早且长时间看电子屏幕确实影响视力。18 个月之前尽量不要让宝宝看电视，18 个月后也要尽量减少看电视或电子屏幕的时间。

2 培养宝宝晒太阳的习惯

宝宝适当地在阳光下、新鲜空气中活动，对于提高身体对外界环境变化的抵抗力，增强体质，提高各脏器的生理功能有着重要意义。皮肤在阳光紫外线的照射下，可产生维生素 D。

晒太阳要根据宝宝的健康和具体情况，当宝宝发热、患病，遇有阴天、雾天、刮风天等情况时，均应暂停晒太阳。

宝宝晒太阳时，要做好防护。注意不要让阳光直射眼睛，也不能让裸露的皮肤在强烈的阳光下晒得太久，否则会损害眼睛或皮肤。

3 纠正宝宝偏头的习惯

在头部一侧垫高或买个定型枕： 在宝宝的头部有点偏的一侧，用比较松软的东西给其垫高一些，以使其头部不能随意偏向该侧。或者去婴童专卖店里买个定型枕。

变换位置跟宝宝说话： 妈妈或家人要左右两边都坐着跟宝宝说话，不要只在一边跟宝宝说话。特别是偏向于宝宝睡偏头的一边，以便于纠正。

适度按摩颈部： 可以根据宝宝偏头的方向，经常给宝宝的颈部适度地按摩一下，以缓解其颈部的压力。时间长了，会有很好的效果的。比如，宝宝的头习惯偏向右，就给其右颈部按摩。

智能训练

动一动，宝宝更聪明

1 匍行

用玩具逗引帮助宝宝练习匍行，由于4个多月的宝宝只会在原地打转或后退，父母可以把手放在宝宝的脚底，帮助他向前匍行。以后逐渐用手或毛巾提起宝宝腹部，使身体重量落在手和膝上，增强手臂和下肢肌力，以便他向前匍行。

2 准确抓握

宝宝可以做到准确抓握，把宝宝抱至桌前，桌上放几种不同的玩具，让他练习抓握。每次进行3~5分钟，玩具需经常变换，可以从大到小，让宝宝反复练习，并记录他能准确抓握的次数。

训练宝宝见物伸手并朝物体接近。父母一人抱着宝宝，另一人在离宝宝1米处用玩具逗引他，观察他是否注意。让宝宝与玩具接近，并渐渐缩短距离，让宝宝一伸手即可触到玩具，宝宝会立即伸双手够物。

3 寻找目标

你可以抱宝宝站在台灯前，用手拧开灯，对宝宝说"灯"。多次开关之后，宝宝发现一亮一灭，目光会向台灯转移，同时又听到"灯"的声音，渐渐形成条件反射。再听到父母说"灯"时，宝宝眼睛看着灯，就找到了目标。以后宝宝可以逐渐认识家中的花、门、窗、猫、汽车等物。

4 拉锯

宝宝保持仰卧姿势，妈妈帮助宝宝放松上肢，伸出手指，让宝宝自然抓住，将宝宝慢慢拽起来，边拽边念儿歌："拉大锯，扯大锯，外婆家，唱大戏，妈妈去，爸爸去，小宝宝，也要去。"让宝宝练习稳定地坐，片刻后再把宝宝放下，让宝宝保持仰卧。重复三四次后，轻轻抚摸宝宝腰背部，放松腰背部肌肉。

用拨浪鼓逗引宝宝，这时候宝宝的身体重量落在双手和膝盖上，能增强宝宝手臂和下肢的力量。

情商培养

宝宝越来越爱玩了

1 游戏

继续玩照镜子的游戏。和妈妈同时照镜子，看镜子里妈妈和宝宝的五官和表情逗引宝宝发出笑声，还可做其他简单的游戏。注意反复和宝宝玩"藏猫猫"游戏，鼓励他在拉开毛巾时发出"喵儿"的声音，以发展其抽象思维。

继续训练宝宝分辨面部表情，让他和你一起做惊讶、害怕、生气和高兴等表情。

2 举高

宝宝最喜欢让父母"举高"，然后再"放低"。父母一面举一面说，以后每当父母说"举高"时，宝宝会将身体向上做相应的准备。在做举起和放下动作时，要将宝宝扶稳，千万不要做抛起和接住的动作，以免失手让宝宝受伤或受惊。

3 和宝宝一起看书

游戏时间，可以将宝宝抱在怀里，和他一起读书。除了给他讲书中的故事和图画，还可以让宝宝摸摸图书的纸张，是光滑的还是粗糙的，是软的还是硬的。

4 心向自然

宝宝天生喜欢美丽的大自然。4 个月时，一听说妈妈要带他出去玩，就会露出很兴奋的神情；5 个月时，会在妈妈怀抱里兴奋得乱跳；6 个月时，已经可以表达自己的意见，通常会像个交警一样，手指门外，妈妈就得立刻带他到室外，否则，他就会以大哭大闹迫使你屈服。

5 宝宝有了自我意识

4~6 个月是宝宝和妈妈建立亲子关系和产生信任感的关键时期，良好的亲子关系可以促进宝宝对周围世界积极地探索。此时，他们对周围所有的事物都充满了好奇。与上个阶段相比，他明显有了自我意识，可以简单表达自己的喜、怒、哀、乐了。

刚开始不要举得太高，让宝宝适应以后，再慢慢地一点一点增高。

思维游戏

辨声音，会思考

尽量让宝宝多看各种颜色的图画、玩具及物品，并告诉宝宝物体的声音及名字，每天用发声的玩具来吸引宝宝转头，每天三次，每次5分钟。

1 辨别声音能力训练——区分不同的声音

游戏前的准备：摇铃、小喇叭、小鼓、小琴、收音机或电视、水杯、纸。

这样玩

拿起摇铃摇一摇，吹一吹小喇叭，敲一下小鼓，吹一吹小琴，打开收音机或者电视机，拍拍手，将水倒进杯子里，撕一撕纸。利用不同的东西，使之发出不同的声音，让宝宝来辨别。

益处多多：让宝宝逐渐提高对声音的区分能力，促进语言能力的发展。

温馨小贴士：多带宝宝到户外聆听周围环境中的各种声音，如狗叫、鸟鸣、汽车喇叭声等，每当听到一种声音时，就向宝宝指出并加以解释。

2 分类思考能力训练——凌乱的袜子

游戏前的准备：一些干净的花色袜子、几个小筐。

这样玩

① 所有袜子放在一堆，让宝宝去翻弄。

② 妈妈将袜子按颜色分别放在几个筐里，告诉宝宝："这是宝宝的袜子，这是妈妈的袜子，这是爸爸的袜子……" 多重复几次。

③ 将袜子重新放在一堆，妈妈和宝宝一起将袜子分类。

益处多多：在训练中让宝宝接触"类"的概念。

温馨小贴士：袜子不要太多，难度不要太大。

3 动作能力训练——扶腋蹦跳

游戏前的准备: 重量大、质地柔软的玩具。

这样玩

① 用手扶着宝宝腋下,让他站在膝盖上练习蹦跳。

② 宝宝仰卧时,可以在其上方吊一个重量大、质地柔软的玩具,让宝宝练习蹬腿。

③ 爸爸可以握紧宝宝的腋下,让他悬空,身体左右摆动,宝宝适应了这个游戏后,会非常喜欢的。

这种需要力量的游戏宝宝喜欢和爸爸一起玩,因为爸爸的力量大,运动幅度大,宝宝会玩得非常开心。

益处多多: 锻炼宝宝腿部肌肉和力量。

温馨小贴士: 爸爸和宝宝进行这个游戏时,动作不要太快,以免惊吓和伤害宝宝。

4 动作能力训练——倚物靠坐

游戏前的准备: 干净、整洁的沙发。

这样玩

若宝宝靠坐时头前倾或后仰,要立即停止练习,此时他颈、腰部的脊柱和肌肉还未发育健全,不能支撑头的重量。这种情况下做辅助练习时,要参考拉坐的练习方法(P32 "拉坐")。直至拉坐练习时头不再前倾或后仰,再逐渐适应在小椅子或沙发角落上进行靠坐练习。

益处多多: 锻炼宝宝颈部肌肉和腰部肌肉,增强颈部和腰部的力量。

温馨小贴士: 练习要适度,不要让宝宝累着了。

拿一个铃铛在宝宝前面摇晃,宝宝会兴奋地不停蹬腿。

要密切注意宝宝,防止他向一侧倒下去。

第 6 章

* 出牙数 0~2 颗。

育儿
要点

* 教认指物及身体五官部位。

* 能坐稳, 会翻身打滚, 双手对击积木。

* 培养好情绪, 注意心理卫生。

5~6个月

咿呀学语

身体发育·男宝宝

第 6 个月的体重 _____ 千克(正常范围 8.52 ± 0.95 千克)

第 6 个月的身长 _____ 厘米(正常范围 69.0 ± 2.3 厘米)

第 6 个月的头围 _____ 厘米(正常范围 43.8 ± 1.2 厘米)

身体发育·女宝宝

第 6 个月的体重 _____ 千克(正常范围 8.06 ± 0.81 千克)

第 6 个月的身长 _____ 厘米(正常范围 67.2 ± 1.6 厘米)

第 6 个月的头围 _____ 厘米(正常范围 42.8 ± 1.3 厘米)

生长发育特征

长牙了

1 身体圆滚滚的

这个月的宝宝，身体圆滚滚的像个小弥勒佛，他可能有两颗嫩白的小牙，可能会端坐在那里，像模像样地摆弄自己的玩具，也可能笑嘻嘻地冲你做各种各样的鬼脸。

2 乳牙萌出的时间和顺序表

乳牙名	萌出时间（个月）	牙总数（颗）
下中切牙（2颗）	5~10	2
上中切牙（2颗）	6~12	4
上下侧切牙（各2颗）	6~14	8
第一磨牙（上下各2颗）	10~17	12
尖牙（上下各2颗）	12~18	16
第二磨牙（上下各2颗）	24~30	20

注：根据宝宝发育情况不同，每个宝宝乳牙萌出的时间也不一样，此表只作参考。

宝宝萌出第一颗牙最晚不会超过1岁，否则就需要到医院检查。

3 很会玩

此时的宝宝喜欢使劲摇晃玩具，把玩具重重地扔在地上听响声；喜欢在床上滚来滚去，也会努力端坐着让自己不倒下；还喜欢站起来，并且可以在扶持下站得非常稳；双手的动作也更加复杂，可以将拿在手中的玩具左右传递，还喜欢把纸撕成两半。

4 发音更多了

这个月，宝宝会用诸如“a”“o”“e”等元音和“m”“n”“b”“sh”“f”“d”“l”等辅音或其他更多的声音和你进行交流，并会通过改变音量、音调、语速来表达高兴或不快。

5 爱动的宝宝睡得少

这个月，宝宝一昼夜需睡眠 13~15 个小时，一般上午睡 1~2 小时，下午睡 2~3 小时。爱动的宝宝睡眠时间比较少，不爱动的宝宝不仅白天睡觉多，晚上睡得也早。

6 宝宝的脸，六月的天

“孩子脸，六月天。”此时，宝宝的体态和面部表情犹如一幅丰富多彩的图画，瞬息多变：高兴时手舞足蹈，眉开眼笑，咿呀作语；不高兴时，噘嘴、哭闹、扔东西，极尽所能捣乱。

喂养指导

健康喝奶

1 酸奶不能代替配方奶

有的妈妈因为患疾病或工作的原因而乳汁不够，只能用婴儿奶粉代替。配方奶中的蛋白质是以酪蛋白为主，不如母乳好消化，所以当 1 岁以上的宝宝腹泻或消化功能低下时，可以改用酸奶喂养。

酸奶是在新鲜牛乳中加入乳酸杆菌制成的，酸奶中蛋白质块减小，因而较配方奶易消化吸收。它的营养成分也不完全等同于配方奶，三大营养素中的糖分明显减少，如果制作时用的不是全奶，则营养成分更低。所以，待宝宝消化功能恢复以后，应仍用奶粉喂养。

2 乳酸饮料不能代替配方奶

市面上不少用乳酸菌制成的乳酸饮料，味道很受宝宝喜爱，也易消化吸收，稍大的宝宝可适量喝一些，但不能代替配方奶喂养宝宝。

乳酸饮料所含的蛋白质、脂肪、铁和维生素的含量只相当于同量配方奶的 1/3 左右。长期以这样的乳酸饮料代替配方奶喂养宝宝，会造成营养素缺乏。

3 不能用炼乳喂宝宝

炼乳中含有 40% 的蔗糖，不适合宝宝的营养需要。

当炼乳稀释至适合饮用的甜度时，所含的蛋白质和脂肪要比配方奶低很多，如果保持足量的蛋白质和脂肪，则太甜而难以食用。若用炼乳喂养宝宝，由于蛋白质摄入不足，宝宝会出现虚胖、肌肉松弛、营养不良、免疫功能下降、易生病。

妈妈早教 10 分钟

服药的哺乳妈妈应注意

哺乳妈妈就诊时，一定要告诉医生你正处于哺乳期，并尽可能选用局部用药而非口服药物。若需服药，应在哺乳前 3 小时或哺乳后立即服药，这样能控制将经乳汁传递给宝宝的药量降至最低。

在急需用药的情况下，要暂停哺乳，并弃掉挤出的乳汁，避免给宝宝带来不必要的伤害。

炼乳不宜用来喂养宝宝，因为经过稀释后，其营养成分低。

4 配方奶中不能加蜂蜜

蜂蜜不但甜美可口，而且含有丰富的维生素、葡萄糖、果糖、多种有机酸和有益人体健康的微量元素，是一种营养丰富的滋补品。

但是，1岁以内的小宝宝不可以吃蜂蜜，因为这个阶段的宝宝肠道内正常菌群尚未完全建立，吃入蜂蜜易引起感染，加上蜂蜜在制作过程中容易受到污染，宝宝的抵抗力较差，容易生病。因此，1岁以内的宝宝不能在配方奶粉中添加蜂蜜。

哺乳期妈妈要始终保持心情愉悦，不良情绪不仅会影响乳汁的分泌，甚至还会使得宝宝睡不好。

5 感冒时的哺乳

如果是轻度的感冒，妈妈戴上口罩后，照样可以哺乳。感冒的妈妈可以服用一些治感冒的中成药，如感冒清热冲剂、板蓝根冲剂等，服药4小时后，代谢系统就会把这些药排出，所以服药4小时后可以给宝宝喂奶。

如果感冒后伴有高热，妈妈不能很好地进食，就应及时到医院就诊，高热期间要暂停母乳喂养1~2日。这期间，要把乳房内的乳汁吸出，以保持能够继续泌乳。

感冒期间，妈妈应避免吃或少吃鸭肉、猪肉、羊肉、狗肉、甲鱼、蚌等食品，多吃一些蔬菜水果，提高身体的抵抗力。

6 哺乳时妈妈要心情愉悦

如果妈妈的情绪波动大，烦躁、惊喜、忧愁、愤怒、郁闷等，都会使得内分泌系统受到影响，肾上腺素分泌增加，影响哺乳妈妈大脑皮层的活动，抑制催乳素的分泌，从而影响乳汁的分泌。

老辈人管这种情况下产生的奶水叫"热奶"，宝宝吃了这种奶，心跳会加快，变得烦躁不安，甚至晚上睡不踏实，喜欢哭闹，严重的会伴有消化功能紊乱。多听节奏舒缓柔和、旋律优美的音乐，可以缓解妈妈焦躁的情绪。

日常养护　# 帮宝宝度过长牙敏感期

1 宝宝长牙会难受

长牙时，宝宝可能出现低热、流口水、牙床痒痛、爱磨牙、咬手指、哭闹等现象，可以使用牙胶或磨牙棒，让宝宝放在口中咀嚼，以锻炼宝宝的颌骨和牙床，使牙齿萌出后排列整齐。

2 宝宝的磨牙棒

牙胶是宝宝的磨牙棒，由安全无毒的软塑料制成，可缓解长牙的不适，帮宝宝锻炼嚼、咬的动作，有助于牙齿的健康生长。牙胶也是宝宝的玩具，应选择适合宝宝把玩的色彩和形状，满足宝宝这个阶段手眼协调动作的发育需求。

3 长牙护理小技巧

长牙了，妈妈就要开始关注宝宝的口腔卫生了。

首先，要少给宝宝吃甜食，吃奶后适当喂些白开水；改变宝宝含着奶头睡觉的习惯，尽量不让宝宝吸吮手指。

其次，中午喂奶以后，晚上睡觉以前，一天 2 次，用干净的纱布或棉签棒蘸温水轻轻擦洗宝宝的口腔黏膜、牙龈和乳牙的表面，帮助宝宝清洁口腔。

在给宝宝做口腔护理前，妈妈一定要记得认真清洗自己的双手，修剪指甲，擦洗时动作也一定要轻柔哦！

4 5~6 个月宝宝的玩具

为 5~6 个月宝宝提供的玩具主要是色彩鲜艳、操作性强的形象性玩具。开始时，大人可把着宝宝的手一起玩，一边教，一边耐心讲解，重复多次后，宝宝就可以渐渐地按照你的指引有意识地去玩了。

类型	举例	作用
认知玩具	洋娃娃，各种动物、水果、蔬菜玩具，识图大卡等	提高认知能力，发展语言能力
响铃玩具	摇铃、彩色小铃、可拴在手上或脚上的小铃铛、音乐拉响玩具	促进宝宝视听协调发展
抓握玩具	拨浪鼓、圆环、能捏响的玩具	发展触觉，锻炼手的精细动作
悬挂玩具	宝宝健身架、音乐旋转铃、悬挂的彩色气球	促进视觉发育和大动作能力

用干净的棉签棒蘸温水轻轻擦拭宝宝的口腔黏膜、牙龈和乳牙，帮助宝宝保持口腔卫生。

5 玩具要清洗、消毒

自家的玩具一般对宝宝来说还是相对清洁的，只要每周用清水清洗 1~2 次，然后在阳光下晾晒 2 小时以上即可。对于书本等不能清洗的玩具，每周在户外阳光下晒 2 次即可。

可以尝试臭氧熏蒸消毒法，将玩具放入消毒柜中，打开电源即可，一般熏蒸时间为 20 分钟以上。臭氧消毒玩具不会残留有害物质，对玩具也几乎没有损害，而且操作很简便。

6 选购枕头要注意

婴儿枕高度以 3~4 厘米为宜，可根据宝宝发育状况、穿衣厚薄逐渐调整枕芯高度。枕头的长度应与宝宝肩同宽。

枕芯质地应轻便、透气、吸湿性好，软硬均匀。可选择稗草籽、灯芯草、蒲绒、荞麦皮等材料充填，或可将泡过的废弃茶叶收集起来晒干充填。一般来讲，天然的、传统的产品往往是最安全的。

刚出生的婴儿没有必要使用枕头。1 岁以内的宝宝可以用纯棉毛巾自制枕头使用。

7 使用枕头有讲究

宝宝新陈代谢旺盛，头部易出汗，因此枕头要及时洗涤、暴晒，保持枕面清洁。否则，汗液和头皮屑粘在一起，易使致病微生物贴附在枕面上，不仅干扰宝宝入睡，而且极易诱发湿疹及头皮感染。

其实，长期使用质地过硬的枕头，易造成宝宝头颅变形，如枕部过分平坦。要想让宝宝有个完美头型，除了应选择软硬适度的枕头，还要注意经常变换体位。宝宝睡眠时，妈妈要有意识地经常变换宝宝的头部位置。由于宝宝睡眠时喜欢面朝妈妈或有亮光、有声音的方向，因此要定期变换宝宝睡眠的位置。

6 个月左右的宝宝，枕头的长度与宝宝的肩部同宽最为适宜。

妈妈早教 10 分钟

不要随便掏耳垢

妈妈不要使用棉花棒或其他硬物给宝宝掏耳朵，正确的方法是请医生帮助处理。

习惯培养

不认生，睡得香

1 培养宝宝善于与人接触的习惯

在宝宝 3~4 个月尚未认生时，多带他到更广阔的地方去活动，接触不同的人群和丰富多彩的世界。

对已经认生的宝宝，既不要回避与陌生人的接触，也不要强制他与陌生人交往，而要为他创造一个慢慢适应陌生环境和陌生人的过程：

* 经常带宝宝到亲朋好友家串门，或邀请他们来自己家做客。

* 让宝宝喜欢的玩具和食物与陌生人同时出现，减缓他的恐惧心理。

* 为宝宝寻找不认生的孩子做伙伴，用榜样的力量激励宝宝。

2 睡前别让宝宝太兴奋

宝宝睡前不能过于兴奋，不玩新玩具。

按时睡觉。在宝宝入睡前半小时，不要过分逗弄他，应让他安静下来。

睡前不看刺激性的电视节目，不给宝宝讲紧张可怕的故事。

建议在宝宝睡前，先将室内的光线调得暗些，让宝宝知道，现在是睡觉的时间了，放点轻柔的音乐。

在宝宝睡着以前，不要发出太响的声音，宝宝很容易醒的。其实，这是宝宝对外界反应的一种自我保护。

3 纠正宝宝不良睡眠习惯

宝宝吃得香睡得好才会健康成长，可就是有一些宝宝白天睡得非常好，一到晚上就是不睡，常常是后半夜才睡，早晨又醒不了。对于这样的宝宝，妈妈一定要想办法改正这种不良的睡眠习惯。

无论宝宝睡眠习惯如何，每天睡眠时间是相对固定的，不会今天睡 10 个小时，明天睡 15 个小时。所以，父母要根据宝宝的具体情况来合理分配宝宝的睡眠时间。虽然比较困难，但只要有耐心，慢慢是能改过来的。

4 培养仰卧睡觉的习惯

宝宝从 6~7 月开始陆续长出乳牙，在此之前，一定要让宝宝养成仰卧睡觉的习惯，否则长期侧睡会使宝宝乳牙长得参差不齐。

宝宝睡觉的时候要减少外界刺激，不要打扰他。

智能训练 # 感觉、视觉、听觉能力更强了

1 感受水

拿一小盆温水，分别把宝宝的小手、小脚放进去再拿出来，让宝宝感受一下。宝宝洗澡时，把玩具放在水里给他玩，引导他用手拍水。如果是夏天，最好每天都给宝宝洗澡，让宝宝多接受水的刺激。冬天，可以延长洗澡的间隔时间，但最少也要一周两次，只是要注意保暖，别让宝宝着凉了。这能提高宝宝的感知觉能力。

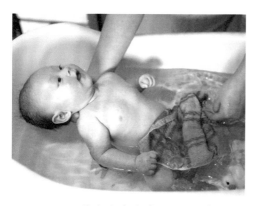

给宝宝洗澡时，澡盆里放10厘米左右深的水比较合适。

妈妈早教 10 分钟

做说并行

做什么说什么，可培养宝宝理解语言的能力。比如：抱起宝宝，说"抱……"，一边摇铃一边说"摇……"，拉起宝宝的手说"伸伸手"。不管做什么事都一字一句地说出来，并且多重复几次，让宝宝加强记忆。

---

2 伸手够物

在宝宝的周围放上一圈不同的玩具或东西，引导宝宝伸手够物。这个练习可延伸他的视觉活动范围，使之感觉距离、理解距离，以发展手眼协调能力。

3 舔水果

削1块苹果，再拿1瓣橘子，分别让宝宝闻一闻，舔一舔，然后再告诉他："宝宝，这是苹果哟，是甜甜的感觉吧！宝宝，这是橘子哟，是不是软软的，很酸呢？"也可以榨苹果汁和橘子汁让宝宝尝试一下。这能提高宝宝的味觉能力。

4 发音训练

和宝宝说话时，应坐在他正对面的位置，让他能够清楚看到你的口型、表情，说话速度要慢，要用简洁的句子，重复多次。此时教宝宝的语言要速度慢、多重复、句子短、张大口型，但尽量不用儿语，要从小教宝宝学规范的语言。

5 四处走走看

用小推车推着宝宝到不同的场所走一走，比如公园、森林、游乐场等，可从周围环境中直接接触各种声音，这样也可以提高宝宝对不同频率、强度、音色的声音的识别能力。

情商培养

自己和别人

1 感知自己和别人

在此之前，宝宝并不知道自己和妈妈的区别，更不知道自己和其他人的区别。但从这个时期开始，他开始懵懵懂懂地发现，自己尿湿了、饿了，想要妈妈的时候却看不到妈妈，原来妈妈和我不是一体的。

2 宝宝愤怒了

这个时期，宝宝也可以通过自己的方式表达愤怒了，也许他会闭着眼睛大哭，不依不饶；也许会大声冲着冒犯他的爸爸妈妈大声哭闹，而你或家人对他的愤怒反应也使宝宝获得了初步的意识经验，在自我意识里增加了一种新的成分。

3 抚摸妈妈的脸

妈妈要经常俯身面对宝宝，朝他微笑，对他说话，做各种面部表情。与此同时，拉着宝宝的手摸你的耳朵，摸你的脸，边摸边告诉他"这是妈妈的耳朵/脸"，然后发出"咩咩"好玩的声音，使宝宝高兴，并对你的脸感兴趣。

4 照镜子认识自己

妈妈和宝宝同时照镜子，看宝宝的反应，4 个月的宝宝可能会好奇，不停地看着镜子里的自己。到 5 个月时，他看到镜子里的妈妈和自己就会很高兴地发出笑声。此外，你还可以对着镜子揪揪耳朵，摸摸脸或者做个鬼脸；到 6 个月继续照镜子玩，让宝宝拍打、捕捉镜中人影，用手指着他的脸反复叫他的名字。

5 伸双臂求抱

6 个月的宝宝会利用各种形式来求抱，如抱他上街、找妈妈、拿玩具等。抱宝宝前，最好向宝宝伸出双臂，说："抱抱好不好？"鼓励他将双臂伸向你。让他练习做求抱的动作，做对了再将宝宝抱起。

宝宝伸手和镜中的自己玩耍，这对智力开发益处多多。

思维游戏

听儿歌，找鼻子

跟宝宝玩耍时动作要
轻柔，不要撞疼宝宝。

宝宝的鼻子不要捏，
轻点就可以了。

1 认知能力训练——听儿歌，做动作

游戏前的准备：妈妈准备一首儿歌。

这样玩

① 妈妈让宝宝面对着自己坐在膝上，拉住宝宝的小手边念边摇："拉大锯，扯大锯，外婆家，唱大戏。妈妈去，爸爸去，小宝宝，也要去！"

② 到最后一个字时故意将手一松（注意在后面做好保护动作），让宝宝身体向后倾斜。

③ 以后凡是念到"也要去"时，他会自己将身体按节拍向后倾倒。

益处多多：练习宝宝姿势和语言的配合能力。

温馨小贴士：妈妈松手的时候一定要在宝宝后面做好保护工作。

2 常识能力训练——鼻子在哪里

游戏前的准备：干净整洁的床。

这样玩

① 妈妈抱着宝宝或者让宝宝仰卧在床上，与宝宝视线相对，问："宝宝的鼻子呢？"用手指轻点宝宝的小鼻子，说："啊，宝宝的小鼻子在这儿呢！"

② 再次与宝宝视线相对，问："鼻子呢？妈妈的鼻子呢？"拿起宝宝的小手，触摸妈妈的鼻子，告诉宝宝："妈妈的鼻子在这儿呢！这是妈妈的大鼻子！"

③ 靠近宝宝，轻轻地和宝宝顶鼻子。

益处多多：这个游戏能增加宝宝对语言的理解，认识到"鼻子"这个词和现实的联系，练习联想思维。

温馨小贴士：玩游戏的时候可以念着儿歌："宝宝鼻子小，妈妈鼻子大。两个鼻子轻轻碰，宝宝乐得哈哈笑。"

3 音乐能力训练——小小舞蹈家

游戏前的准备: 选择节奏感稍强又不太剧烈的乐曲,比如《春天在哪里》。

这样玩

① 妈妈在宝宝清醒的时候播放乐曲,吸引宝宝注意,妈妈随着节奏,轻轻哼唱旋律。在宝宝面前举起双手,随着节奏摆动。

② 慢慢举起宝宝的小手或小脚丫,随着节奏摆动。

益处多多: 研究表明,宝宝从出生时即有音乐感知,2 个月时已能安静地躺着听音乐。丰富多彩的音乐活动,可以开发宝宝的右脑,使其情绪愉快,形成良好的性格和意志品质,对他以后的社交能力和自我约束能力都会有帮助。《动物狂欢节》《小狗圆舞曲》等节奏欢快的音乐都是开发右脑智力比较好的选择。

温馨小贴士: 播放音乐的时间不要过长,一般 3~5 分钟即可。

4 社交行为能力训练——多接触陌生人

游戏前的准备: 出门之前要准备好宝宝用品。

这样玩

宝宝害怕生人,妈妈可以经常带着他到外面玩,多接触陌生人,妈妈可以先主动和他人打招呼,给宝宝以示范,让宝宝逐渐缓解、消除怕生的现象。

益处多多: 培养宝宝的感知辨别记忆能力,加强情绪和人际关系发展上的培养。

温馨小贴士: 怕生说明宝宝分得清谁是亲近的人、谁是陌生人了,妈妈不用过分担心和焦虑,不妨多带他去户外走走,多见见陌生人。让宝宝明白,有妈妈在身边会很安全。

多和宝宝互动,有助于养成宝宝活泼开朗的性格。

随着音乐节奏摆动宝宝的手,可以开发宝宝的音乐潜能。

第7章

*学会坐便盆。

育儿
要点

*辅食多样化，注意消化不良。

*让宝宝充分爬行，避免感觉统合失调。

*在宝宝活动之处，收拾好锐利物品。

7~8 个月
宝宝爬得好开心

身体发育·男宝宝

第8个月的体重 ＿＿＿＿ 千克（正常范围 9.33±1.01 千克）

第 8 个月的身长 ＿＿＿＿ 厘米（正常范围 72.3±2.7 厘米）

第 8 个月的头围 ＿＿＿＿ 厘米（正常范围 45.0±1.2 厘米）

身体发育·女宝宝

第8个月的体重＿＿＿＿千克（正常范围 8.83±0.85 千克）

第 8 个月的身长 ＿＿＿＿ 厘米（正常范围 69.8±1.8 厘米）

第 8 个月的头围 ＿＿＿＿ 厘米（正常范围 43.8±1.3 厘米）

生长发育特征

喜怒哀乐形于色

1 品品味道

这个月，宝宝在妈妈怀里也坐不住，身体挺起来又弯得像张弓；看到任何东西都想放到他万能的嘴巴里面品品味道，尝尝软硬，试试材质。

他会把玩具从一只手递到另一只手，也会掀开盖住玩具的小手帕，或把不喜欢的东西扔掉，从而拿到自己相中的那一个。

2 发出声音引人注意

宝宝会模仿咳嗽声、舌头咔嗒声或咂舌音，这或许是为了引起妈妈的关注。

听觉和视觉变得更加敏锐。当你呼唤他时，他会转头寻找声源或"啊啊"地表示回答。而且，他可以更轻松地区别陌生和熟悉的面孔。

3 会哄人了

此时的宝宝，是典型的喜怒哀乐形于色，他很会看大人的脸色，也会哄人了。如果你友善地和他谈话，他会很高兴；你若训斥他，他则马上用哭声回应你。

4 不会轻易上当了

宝宝的能力已经超出你的想象。看电视时，他开始和你抢遥控器，还会像模像样地对着电视按遥控器上的按钮。

5 越来越好动了

宝宝会一边洗澡一边拍打水面，让溅出的水花四处飞扬；他嘴里咿咿呀呀好像叫着爸爸妈妈，脸上也绽放出幸福的微笑；如果扶他站立，他会不停地蹦跶；当面藏起他心爱的玩具，他也能很快找出来。小小的他，已经喜欢上"哗哗"的翻书声音……

妈妈早教10分钟

注意家居安全

当宝宝满屋子乱爬的时候，应尽量把宝宝活动的房间整理干净，每隔几天对家里所有东西、犄角旮旯进行一次全面的安全检查。房间里的电器、插座，都要加以安全防护。床和楼梯口都要加上围栏，随时关闭。

宝宝喜欢把东西塞到嘴里，应选择大一点的玩具给他。

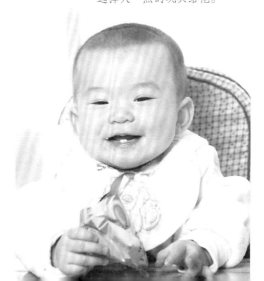

喂养指导

辅食不能少

1 为什么给宝宝添加辅食

辅食的添加不是可有可无的，要把它与哺乳等同起来。辅食种类及分量的不断增加，不仅是宝宝获取全面营养的保证，而且可以使宝宝逐渐从以乳类为主过渡到以乳类为辅助的饮食习惯。

2 如何为宝宝添加辅食

鱼类在宝宝满 6 个月后添加，贝类、虾类满 8 个月后添加，1 岁以后（8 颗牙）辅食种类要多，均衡营养，培养良好的饮食习惯。

3 添加辅食有讲究

由少到多。开始只给少量，如果宝宝不呕吐，大便也正常，就可以逐渐加量。如米糊先喂 1~2 匙，如无不良反应，逐渐加量；蛋黄从 1/4 个开始，逐渐加至 1/2 个、1 个。

由细到粗。宝宝未出牙时，辅食要细腻，如菜泥、果泥等；当宝宝牙齿萌出后，可提供一些碎菜粥、碎水果等可咀嚼的食物。

由一种到多种。添加辅食不能过快，一种辅食添加后适应 1 周左右，再添加另一种辅食，这样不但可促进宝宝味觉发育，同时也便于观察哪些食物会引起过敏。

6~12个月宝宝辅食推荐食材	
时间	食物
6~7个月	谷类、鸡蛋黄、菜泥、水果泥、肝泥、鱼泥
7~8个月	鸡蛋黄、稠粥、烂面条、鱼泥、肝泥、肉泥、豆腐、面包片、黄瓜片
8~12个月	鸡蛋、软饭、小饺子或小馄饨、碎肉、碎菜、豆制品、小块蔬菜

4 这些东西不能吃

颗粒状食品，如花生米、爆米花、大豆等不宜给宝宝吃，避免宝宝吸入气管，造成危险。带骨的肉、带刺的鱼不宜给宝宝吃，以防止骨、刺卡住宝宝的嗓子。

不易消化吸收的食物和太咸、太油腻的食物，如竹笋、咸菜等不宜给宝宝吃。

碳酸饮料、甜饮料等不宜给宝宝喝。

宝宝不宜吃爆米花，有吸入气管的危险。

5 添加米粉，可补铁

米粉是宝宝最佳的第一辅食，含有钙、铁、锌等多种营养素，宝宝可获得比较均衡的营养，而且胃肠负担也不会过重。

米粉要黏稠，以用小勺盛起来、倾斜时不流下来为宜，这样才能补充其所需热量。

冲泡米粉: 按米粉冲泡说明(水温、水量、米粉量)进行操作，拌匀调成糊状，即可喂给宝宝。

6 蛋黄怎么添

添加米粉5~7天后，再开始补充蛋黄。如果以往湿疹严重的宝宝，在吃蛋黄后口唇及全身出现皮疹，应暂停。

刚开始，每天喂1/6~1/4个蛋黄。喂后要注意观察宝宝的大便情况，如有腹泻、消化不良现象就先暂停喂食，调整后再慢慢添加；如大便正常就可逐渐加量到1/2个蛋黄，3~4周后就可喂到每日1个。

制作蛋黄泥: 将鸡蛋洗净后放入冷水中煮，等水开后再煮5分钟，冷却后取出蛋黄，用小匙将蛋黄切成4份，取其中1份，用开水或米汤、配方奶调成糊状，喂给宝宝。

7 宝宝经典转奶餐

西红柿水果泥: 将1/4个西红柿去除皮和籽后捣烂，将少许苹果(或香蕉)的果肉仔细捣烂，二者拌匀即可。

小贴士: 辅食中含有丰富的铁、钙、镁等营养成分，利于宝宝补血。西红柿可预防毛细血管出血症。

白萝卜粥: 将4大匙稀粥倒入磨臼内，加入半杯高汤捣碎；将3大匙白萝卜泥倒入粥内，加热后在上面撒些切成碎末的白萝卜叶。

小贴士: 白萝卜的维生素C含量较高，且含有很多能帮助消化的糖化酶，对小宝宝的健康十分有益。

妈妈早教 10 分钟

辅食保存方法

制作好的辅食必须放在消毒过的容器内，密封后再放入冰箱。一般肉类辅食只能保存1天，蔬菜和水果类辅食最好当天吃完。生熟食品要分开保存。

宝宝8个月以前最好不要吃蛋白。

日常养护

备药箱，学爬行

1 宝宝的小药箱

内服药：退热药，如布洛芬、对乙酰氨基酚、口服补液盐Ⅲ；抗过敏药，如氯雷他定糖浆、西替利嗪口服液。

外用药：75% 酒精、创可贴、棉棒、纱布、脱脂棉、绷带，以及止痒软膏、抗生素软膏、眼药水等。

医疗器械：温度计（腋下）、剪刀、镊子等。

2 正确使用外用药

酒精为家庭常备消毒剂，乙醇水溶液浓度为 75% 的酒精才能达到杀菌的目的。用过后要及时盖上盖子密封。注意：绝不能用 75% 酒精直接冲洗创面，因为它对皮肤组织有一定的刺激性。

3 小药箱的注意事项

注意所保存的药品的出厂日期和失效期。

各种药物应该有标签，并写清药名、含量及用法。

要定期检查药品，看看有无短缺，及时更新。

若发现药片变色，药液混浊或沉淀，中药丸发霉或虫蛀等应丢弃不用。

药品必须保存在宝宝够不到的地方。

4 缺铁性贫血的防治

及时给宝宝添加辅食。要根据宝宝的消化吸收能力，在膳食中注意补充一些含铁比较丰富的食品，多吃动物肝、瘦肉、蛋黄等。

当宝宝精神不好，食欲差，经常疲乏无力时，应观察宝宝是否有面色、口唇、牙床、皮肤黏膜苍白，若有这些症状，应想到小儿贫血，及时去医院检查。

补充铁强化食品

将一种或几种营养素添加到食品中去，从而补充天然食品中某些营养成分的不足，这种食品就叫强化食品。对未能按时添加辅食的宝宝，或添加辅食较少的宝宝，父母应注意给宝宝补充卫健委认可的铁强化食品，以满足宝宝对铁的需要。

发生缺铁性贫血，应在医生指导下坚持服用铁制剂，同时应多补充维生素 C 等，这样可以促进铁的吸收。

蛋黄是补充铁的良好来源。可以将蛋黄碾成粉末与奶、水等混合后食用。

引导宝宝爬越妈妈的腿，去取玩具，可以强化宝宝爬行的本领。

5 爬行有利于思维发育

爬行能促进大脑及各个神经纤维间的通畅联系。由于宝宝的前庭功能发育较早，所以视觉、听觉最先与前庭统合，宝宝往往向着一个目标爬去，目标物会引起视、听的兴奋；爬行训练可以加强前庭与感觉系统的统合，使身体感觉灵活，促进脑的发育；爬行时，左右肢体交替轮流运动的冲动通过桥脑交叉，几乎整个大脑都在活动；充分爬行是全方位的感觉统合训练，对于大脑各部位的发育及大小脑、神经系统之间的联系、回路网的建立，都是有好处的。

爬行使宝宝主动移动自己的身体，加大了接触面，扩大了宝宝认识世界的范围，可促进认知能力的发展，有利于思维和记忆的锻炼。

宝宝爬行时，头颈仰起，胸腹抬高，靠四肢交替轮流抬起，协调地使肢体负重，锻炼了胸腹、腰背、四肢等全身大肌肉活动的力量，尤其是四肢活动的协调性和灵活性，锻炼了肌肉的耐力，能使每条肌肉充分发育。

6 启发、引逗宝宝学爬行

训练爬行时，先让宝宝趴下，成俯卧位，把头仰起，用手把身体撑起来。妈妈在前面鼓励宝宝向前爬，爸爸则轻轻推动宝宝的双脚。爸爸妈妈要注意配合，拉左手的时候推右脚，拉右手的时候推左脚，让宝宝的四肢被动协调起来。

在训练宝宝爬行时，可在他面前放些会动、有趣的玩具，如不倒翁、会唱歌的娃娃、电动汽车等，以提高宝宝的兴趣，启发、引逗他爬行。

7 用毛巾帮助宝宝学爬行

如果宝宝上肢的力量不能把自己的身体撑起来，那么俯卧时宝宝只会把头仰起，胸和腰部不能抬高，腹部不能离床。这时父母可以用毛巾将宝宝的胸、腹部兜住，然后提起毛巾，像拎着一个小螃蟹一样，使宝宝胸、腹部离开床面，全身重量落在手和膝上。

习惯培养

纠正错的，鼓励对的

1 做错要及时纠正

此阶段的宝宝可以感受大人的态度并对语言有了初步理解，对宝宝的一些不良行为大人应及时纠正并禁止。

宝宝喜欢把东西往口中塞、咬，应及时制止，凡是有危险的物品一定要远离宝宝。如可让宝宝用手试摸烫的杯子后立即移开，以后凡是看到冒气的碗和杯子，他自己就知道躲开。

宝宝打了人，如果大人立即笑了，这样会变成是对宝宝的一种鼓励，宝宝以后不管见谁都打。所以，在他打人时，大人应给他不高兴的脸色看，及时禁止。如果错误的行为得不到强化，以后就会逐渐消失。

2 教宝宝用勺子

当妈妈发现宝宝喜欢用手抓东西吃、会用杯子喝水时，妈妈就可以着手教宝宝用勺子吃饭了。

拿起勺子，一边做出用勺子吃饭的动作，一边对宝宝说："用勺子吃东西，可真香呀！"即使宝宝把饭吃得乱七八糟，也应当鼓励他。

吃完后，要把宝宝手里的勺子收走，告诉他："吃完饭了，妈妈要收拾了。"这样既可避免宝宝误伤自己，也能避免给他传达一个可以边吃边玩的错误信息。

3 培养宝宝用水杯喝水的习惯

宝宝长期使用奶瓶易导致龋齿，因此，最好在宝宝 7~8 个月时，开始让他用水杯喝水，而学饮杯则是宝宝从奶瓶过渡到水杯的最佳替代品。

选学饮杯

是否易于清洗消毒。

有无刻度。没有刻度的杯子用来冲调奶粉不方便。

有无把手。可根据宝宝的习惯挑选。

是否具备防滴漏功能。

如何用

原则上，宝宝应该从鸭嘴式过渡到吸管式再到饮水训练式，从软口转换到硬口。如果宝宝比较小，可以选择几合一的套装杯，只要适时更换杯口就可以了。午餐时间通常是改变宝宝饮水习惯的最佳时机。

父母用勺子的时候让宝宝注意模仿，时间长了，宝宝自然就学会用勺子了。

智能训练

玩游戏，听口令

1 连续翻滚

宝宝学会从俯卧转到仰卧，再从仰卧转到俯卧，再从俯卧转到仰卧……常常为够取远处的玩具而继续翻滚，从大床的一头翻到另一头去取。这是 7 个月宝宝的特殊能力。

2 对击玩具

继续训练宝宝双手玩玩具，并能够做到对击。例如，让宝宝手中拿一只带柄的塑料玩具，对击另一只手中拿的积木，敲击出声时，父母鼓掌奖励。选择各种质地的玩具，让宝宝对击出各种声音，促进手—眼—耳—脑感知觉能力的发展。

3 听口令把玩具倒手

在玩具倒手的基础上，先给宝宝一个玩具，让他用左手拿，再给他一块饼干，告诉他"倒手，倒手"，做对了，亲亲他，并奖励他。让宝宝练习在口语指导下把玩具倒手，学会两手并用。

4 懂得"不"

妈妈指着热水杯对宝宝严肃地说："烫，不要动！"同时拉着宝宝的手让他试着触摸杯子，然后使他的手迅速离开杯子，或轻轻拍打他的手，示意他停止动作。对宝宝不该拿的东西要明确地说"不"，使其懂得"不"的意义。此外，还要使宝宝懂得父母的摇头、摆手也表示"不"。

5 认识第一个身体部位

妈妈与宝宝对坐，先指自己的鼻子说"鼻子"，然后把住宝宝的小手，指他的鼻子说"鼻子"。每天重复 1~2 次，然后抱宝宝对着镜子，把住他的小手，指他的鼻子，又指自己的鼻子，重复说"鼻子"。经过 7~10 天的训练，当妈妈再说"鼻子"时，宝宝会用小手指自己的鼻子，这时妈妈应亲亲他表示赞许。

6 寻找小物品

将药丸的蜡壳或颜色漂亮的糖豆投入透明的瓶内并盖上盖子，宝宝会拿着瓶子摇，看着蜡壳或糖豆。如果将此瓶放入大纸盒内，宝宝会将瓶取出，继续观看蜡壳或糖豆，寻找蜡壳或糖豆是否仍在瓶内。在寻找小物品的游戏中，物质永久性的概念就在无意识探索之中建立起来。

宝宝练习翻身时，
衣服不要穿太多。

情商培养 # 不害羞，不认生

让宝宝和同龄小朋友在一起玩耍，能慢慢消除宝宝的"害羞"和"认生"。

1 学习挥手、拱手动作

经常将宝宝右手举起，并不断挥动，让宝宝学习"再见"动作。父母离家时要对宝宝挥手，并说"再见"，反复练习。在宝宝情绪好时，帮助宝宝将两手握拳对起，然后不断摇动，学做"谢谢"动作。每次给宝宝食品或玩具时，先让他拱手表示谢谢，然后再给他。

2 会害羞与认生

几乎每个宝宝在这个时期都会突然变得"害羞"，看到陌生的叔叔阿姨，就会紧紧地抱住妈妈的脖子，要么大哭，要么别过脸，才不管大人的面子呢。

"认生"是宝宝成长的一个标志，说明宝宝开始建立与某些具体人的联系，有了初步的社会意识。此时的宝宝能够从长相、声音将陌生人从他们的"联系人"中区分出来，用一种小心翼翼的、保持一定距离的态度对待他。

父母要让宝宝多见人，多与同伴交往，不要总是待在家里，让宝宝克服害羞与认生。

3 与同伴交往

让宝宝多与同伴交往，帮助他克服害羞、怯生、焦虑的情绪，引导他正确地表达情感。与同伴玩是宝宝学习语言、锻炼交际能力、培养良好性格的重要途径。

4 注意父母行为

父母要经常在宝宝面前做事，并注意观察宝宝是否注视父母行为，开始时应给予诱导，如"宝宝看爸爸拿什么呢""妈妈戴帽子上街了"等。

思维游戏 # 数一数，摸一摸，听一听

让宝宝摸物品时，最好是没有棱角的玩具，才不会伤害到宝宝柔嫩的小手。

1 数字演算能力——小白兔吃萝卜

游戏前的准备：玩具兔子两只（一大一小），两根萝卜（一大一小）。

这样玩

① 妈妈举起两只兔子玩具，告诉宝宝这里来了两只兔子，它们要吃萝卜，大白兔吃大萝卜，小白兔吃小萝卜。

② 妈妈然后拿出2根萝卜，告诉宝宝："这根萝卜大，这根萝卜小。"

③ 妈妈和宝宝一起把大萝卜放在大兔子前面，把小萝卜放在小兔子前面。

益处多多：宝宝大脑的发展显示出编码和记忆的能力，也就是归类。当宝宝能够按照大小、形状区分某一类物品时，对其他物品归类也就容易实现。

温馨小贴士：玩游戏和宝宝说话时，要看着宝宝，语言速度要缓慢，一句话说两遍。

2 逻辑推理能力——摸摸这是什么

游戏前的准备：4种硬的东西，如积木、小勺、饼干和梳子；4种软的东西，如干净粉扑、海绵、面包和毛线团。

这样玩

① 先把硬的物品摆好放在桌上，把宝宝抱坐在桌前。

② 让宝宝自由地抓拿、摆弄硬的物品，当他拿起积木时，妈妈要告诉宝宝："这是积木，硬的。"当宝宝拿起小勺时，同样告诉他说："这是小勺，硬的。"

③ 把硬的东西移到宝宝视线外，用同样的方法让宝宝认识软的东西。

益处多多：让宝宝的耳朵听到语言的同时，眼睛看着物品，同时用手触摸物品，可以刺激大脑的发育。

温馨小贴士：游戏前准备的东西一定要确保其安全性。

3 语言表达能力——丁零零，来电话了

游戏前的准备：玩具电话。

这样玩

① 让宝宝靠坐在床上，妈妈坐在对面。妈妈分饰两个角色，演示妈妈和宝宝的"对话"。

② 妈妈拿起玩具电话，对着电话说："喂，宝宝在家吗？"然后妈妈帮助宝宝拿起电话，说："丁零零，来电话了，宝宝接电话吧。"

　　　　两个小娃娃呀，

　　　　正在打电话呀，

　　　　　喂、喂、喂，

　　　你在哪里呀？（妈妈问）

　　　　　哎、哎、哎，

我在幼儿园。（妈妈代宝宝回答）

益处多多：在学会说话之前，宝宝"说"的兴趣是很高的。正是这个时期的"听""说"，铸就了宝宝以后真正的听说能力。打电话的形式既可调动宝宝对语言的兴趣，又可以帮助宝宝认识一种与人交流的形式，提升其人际交往智慧。大脑控制人际交往能力的区域主要在右脑，因此这个游戏也有利于左右脑均衡发展。

温馨小贴士：妈妈在"电话"中要尽量强调宝宝对生活常用词的认识和理解，比如"尿尿""饿了""高兴""漂亮"等。

4 语言能力训练——听名指物

游戏前的准备：几种宝宝平常玩的玩具。

这样玩

父母要有意识地训练宝宝，指着物体告诉他物体的名称，也可以让宝宝自己伸出小手去摸一摸，以增强记忆力，然后说出物体名，让宝宝去找。

益处多多：锻炼宝宝的听觉与视觉、肢体的协调能力和记忆力。

温馨小贴士：要多加练习，这样才会有很大的飞跃。

宝宝拿起电话，会"噢、噢"地大叫。父母要配合他说："喂，是宝贝吗？妈妈想你了。"

第 8 章

* 鼓励在玩水、玩泥、玩沙、玩玩具中练习手及四肢的协调性。

* 辅食逐渐代替母乳。

育儿
要点

* 培养良好的生活习惯和生活能力。

* 看图、认人、认物,在潜移默化中认字。

* 有意识地叫爸爸、妈妈。

9~10个月
超级爱模仿

身体发育·男宝宝

第 10 个月的体重 _____ 千克(正常范围 10.09 ± 1.03 千克)

第 10 个月的身长 _____ 厘米(正常范围 74.3 ± 2.2 厘米)

第 10 个月的头围 _____ 厘米(正常范围 45.9 ± 1.2 厘米)

身体发育·女宝宝

第 10 个月的体重 _____ 千克(正常范围 9.48 ± 0.86 千克)

第 10 个月的身长 _____ 厘米(正常范围 72.0 ± 2.0 厘米)

第 10 个月的头围 _____ 厘米(正常范围 44.9 ± 1.4 厘米)

生长发育特征

扶站一族

1 能扶站也能坐

宝宝不但能自由地爬到想去的地方，还能扶着东西站得很稳；他可以毫不费力地坐到一个小椅子上，还可以扶着合适的东西迈上几步。同时，他挥舞着自己心爱的玩具，露着4~6颗嫩白的小牙，自信而开心地向你微笑，和你交谈。

2 睡得好，记忆强

现在宝宝每天需睡 12~16 小时，白天睡 2 次，晚上睡 10~12 小时。只要睡醒，宝宝就会表现得精神十足，非常愉快。

"脱离视线，记忆消失"的状况已经成为过去。如今，宝宝会记住很多事情：听过的童谣、糕点的位置、饭后的散步，甚至几周前来看自己的舅舅。

3 声情并茂喊"妈妈"

现在，宝宝会向你声情并茂地喊那声期待已久的"妈妈"，也喜欢发出咯咯、嘶嘶等有趣的声音。甚至，宝宝会不经意地告诉你"拿""尿""布"。

4 懂得配合

宝宝会模仿更多的动作来表达自己的意愿；给他穿衣服时，宝宝知道抬胳膊伸腿协助你；当你说，把小熊给妈妈好吗？宝宝真的会把小熊放在你手里。

5 反复说话，反复玩

这个月，宝宝会把自己会说的话反复说，会玩的游戏反复玩，还能很灵活地用拇指和食指捏起米饭粒等，父母一定不要让危险的小物品出现在宝宝面前。

9个月的宝宝还无法站稳，妈妈一定要扶稳，小心崴到宝宝的小脚。

妈妈早教 10 分钟

宝宝睡眠的异常现象

*睡眠不实，时而哭闹乱动，不能沉睡。

*全身干涩发烫，呼吸急促，脉搏较正常者快(新生儿 140 次／分，婴儿 120 次／分)。

*睡后不安宁，头部大汗，湿了枕头，出现痛苦表情；睡时抓耳挠腮，四肢不时抖动，有时惊叫。

如果宝宝出现以上睡眠异常现象，常常是某些疾病的潜伏或发病的征兆，应及早发现，并及时就医诊治。

喂养指导 # 如果一定要断母乳，父母这样做

我们提倡母乳喂养至自然断乳，当然，现实生活中有很多原因，妈妈可能需要工作等有提前断母乳的需要，可以参考下面的建议。

1 9~10 个月的宝宝可断母乳

正常情况下，9~10 个月的宝宝已具备断掉母乳的基本条件。如果妈妈感觉自己的母乳已经很少，不能满足宝宝的营养需求，则应考虑母乳加配方奶的混合喂养。如果妈妈不能继续母乳喂养，可改为完全配方奶喂养。

2 自然转奶法

为宝宝断母乳，宜采用自然转奶法，即通过逐步增加哺喂辅食的次数和数量，慢慢减少哺喂母乳的次数，从而在 1~2 个月的时间内使宝宝断掉母乳。

在慢慢断掉母乳的过程中，可以让宝宝逐步适应配方奶，并相应增加辅食，逐渐将辅食变成主食，最后断掉母乳。

3 减少哺喂次数

应从白天开始，用配方奶代替。多带宝宝去户外玩耍，这样易忘掉母乳。

在宝宝饥饿时，让他吃些粥、烂面条等辅食，把食物做得味香色鲜，以便吸引宝宝。开始时应让宝宝适应稀软的食物，以代替长期习惯了的母乳。

4 不用母乳安慰宝宝

在宝宝想睡觉或烦躁不安时，不再把乳汁当作宝宝的安慰剂，而是在家人的协助下，训练宝宝独立睡眠，或采用其他方式安慰宝宝，如和他一起做游戏、陪他说话等。

5 妈妈的决心和耐心

有的妈妈天天和宝宝在一起，突然断掉母乳会有失落感，此时，妈妈要先有充分的心理准备和决心。必要时，可让爸爸多陪宝宝玩一玩。对爸爸的信任，会使宝宝减少对妈妈的依赖。

6 妈妈的断奶宜忌

断奶时间不宜选在夏季，夏天天气炎热，细菌繁殖快，稍有不慎，就可能引起宝宝胃肠道疾病；宝宝生病期间不宜断奶，生病期间往往食欲减退，消化功能降低，这时改换其他饮食，会使宝宝难以适应，不利于康复；切忌强行断奶，在乳头上抹辣椒、黄连，强迫母婴分离等，都会使宝宝产生恐惧，影响其身心健康发展。

9 个月的宝宝消化能力已逐渐增强，给他的食物可由流质改为半流质或软食。

7 宝宝不爱用奶瓶怎么办

可以让宝宝尝试用扁圆形奶嘴的奶瓶，这种奶嘴和宝宝吸吮时妈妈乳头被压挤后的形状类似，宝宝的接受度会高一些。用奶瓶喂奶，妈妈也要抱着宝宝，以减少宝宝的不安。

8 转奶宝宝的饮食

配方奶和奶制品：可补充宝宝生长发育必不可少的营养物质。宝宝每天至少喝600毫升的配方奶或吃等量的奶制品。

谷物、蔬菜和水果：米面、土豆、红薯等可补充碳水化合物，提供热能；蔬菜和水果中有许多矿物质，也有一些膳食纤维和维生素。

鱼、肉和鸡蛋：含有丰富的蛋白质、脂类和微量元素，但摄入必须适量。每周吃1~2次鱼，吃2~3次肉，每天最多吃1个鸡蛋。

9 1岁前，禁喂鲜牛奶

鲜奶中含量较高的磷，会影响钙的吸收，而高含量的酪蛋白遇到胃酸后易凝结成块，不易被胃肠道吸收。

鲜奶中的乳糖会抑制双歧杆菌，并促进大肠杆菌生成，易诱发宝宝的胃肠道疾病。

鲜奶中过多的矿物质会加重肾脏负担，使宝宝出现慢性脱水、大便干燥、上火等症状。

鲜奶中的脂肪主要是动物性饱和脂肪酸，过多的饱和脂肪酸容易引起心血管疾病。

10 宝宝经典转奶餐

虾泥

鲜虾洗净，去头、去壳、去虾线，剁成虾泥后，放入碗中。在碗中加少许水，上锅隔水蒸熟即成。

小贴士：虾肉高蛋白低脂肪，富含钙，有助于宝宝的骨骼发展和牙齿发育。而且虾肉鲜美可口，宝宝一定很爱吃。

蒸嫩丸子

将60克猪肉馅加入10颗煮烂的青豆仁及淀粉拌匀，甩打至有弹性，再分搓成小枣大小的丸状；把丸子以中火蒸至肉熟，取出装盘即可。

小贴士：猪肉含有丰富的蛋白质及脂肪、碳水化合物、钙、磷、铁等成分，青豆则富含不饱和脂肪酸和大豆磷脂，有健脑作用。青豆仁一定要煮烂。

对虾过敏的宝宝要慎食。

把丸子捣成小块再给宝宝吃，易于消化，但不要一次给宝宝吃太多。

日常养护

吃好，玩好，穿好

1 与父母同桌进餐

桌上的菜肴可以让宝宝尝一尝，如尝酸味时，告诉他"这是酸的"。通过宝宝视、听、嗅、味的感觉信息，经过大脑的活动，有效地进行组合，使宝宝增加对食物的认识和兴趣。

尽量由妈妈喂：大家不能你一勺、他一筷地喂宝宝吃各种食品，还是尽量让妈妈去喂。

让宝宝自己吃：手把手地训练宝宝自己吃饭，既满足了宝宝总想自己动手的愿望，还能进一步培养宝宝自己用餐具的能力。

宝宝的饭菜：要做得软些、烂些，味道稍淡些。

父母要有耐心：宝宝自己进餐不可避免地会出现狼藉的样子，手和脸弄得很脏，但以后会逐渐改善的。因此，父母要冷静、温和地对待宝宝。

2 玩具是宝宝的教科书

教育类玩具或益智类玩具：套叠用的套碗、套塔、套环，可以由小到大，帮助宝宝学习"序列"的概念；拼图玩具、拼插玩具、镶嵌玩具，可以培养宝宝的图像思维和进一步的创造构思，以及部分与整体概念。

动作类玩具：拖拉车、小木椅、自行车、不倒翁，能锻炼宝宝的肌肉，增强感觉运动协调能力。

语言类玩具：成套的立体图像、儿歌，可以培养宝宝视、听、说、写等能力。

建筑玩具：如积木，能锻炼宝宝的动手能力和想象力，既可以建房子，也可以摆成一串长长的火车，还可以搭成动物医院。

宝宝对小动物很感兴趣，父母可以买一些识动物的图卡，和宝宝一起来看。

模仿游戏类玩具：宝宝喜欢模仿日常生活中所接触的不同人物，模仿不同的角色做游戏，如锅碗瓢勺、城市、街道、汽车、房子、娃娃与医院、玩具商店等。通过模仿，巩固和扩大宝宝的见闻，使他了解家庭生活、社会的规则。

3 该给宝宝准备鞋子了

鞋面应以柔软、透气性好的鞋面为好。

鞋底应有一定硬度，不宜太软，最好鞋的前 1/3 可弯曲，后 2/3 稍硬不易弯折；鞋跟比足弓部应略高，以适应自然的姿势；鞋底要宽大，并分左右；鞋帮稍高一些，后部紧贴脚，以踝部不左右摆动为宜。

宝宝的脚发育较快，买鞋时尺寸应稍大些，但绝不能过大；及时更换新鞋，这也是很重要的。

4 宝宝学站小练习

在与宝宝身高相当的小桌子、小箱子上放上玩具，让宝宝站着玩玩具，借此训练他的耐力及稳定性。

准备练习：妈妈两手扶住宝宝腋下，稍加用力把坐着的宝宝扶起、站立，让宝宝体验一下站的感觉。可以反复训练。

站起来了：当宝宝学站已经有一些基础后，让宝宝靠着墙站立，背部和臀部贴着墙，脚跟与墙稍稍离开一点，双腿分开站。妈妈可用玩具引逗宝宝，让宝宝晃动身体，增强站立的平衡感。

宝宝扶站、靠站一段时间后，妈妈可让宝宝尝试独自站立。多次训练，一般到了 12 个月宝宝就能独自站稳了。

5 宝宝用脚尖站着是病吗

刚学站的宝宝，站在父母腿上时会用脚尖站着，使妈妈感到腿有些疼。这是因为这个月的宝宝对站立的危险性有了认识，站在柔软不平的地方会不自觉地用脚尖抠着，防止摔倒。因此，用脚尖站着不是病。

但是，如果宝宝只能用脚尖站立，甚至出现"剪刀步"，就一定要去医院的儿科检查，这种现象最晚不能超过 10 月龄。

宝宝学走路，每次练习时间要短，但练习次数可逐渐增加。

习惯培养

自主入睡，自己吃饭

1 让宝宝自主入睡

每当宝宝到了睡觉的时间，只要把宝宝放在小床上，保持安静，他躺下去一会儿就会睡着。如果暂时没睡着，让他睁着眼睛躺在床上，不要逗他，保持室内安静，过不了多久，他也会自然入睡。

2 杜绝坏毛病

不要抱着宝宝睡觉，不要手拍着宝宝，嘴里哼着儿歌，脚不停地来回走动；不要给宝宝空奶嘴吸吮，引诱宝宝入睡。这些坏毛病容易导致宝宝睡觉开始时闹，不拍不抱睡不着，久而久之养成依赖父母、缺乏自理能力的不良习惯。

3 做梦时不要抱

9 个月的宝宝，随着智力的发育，活动内容的增多，玩得太累，受环境刺激太多，因而睡觉时会做梦，有时刚入睡就哭，一哭就醒。此时，只要父母在他的床边，他看见父母，便又会入睡。如果父母把宝宝抱起来，放进自己的被窝或拍睡，久而久之，有的宝宝就会养成一定要父母陪着睡觉的不良习惯。

4 固定的饭桌

9 个月的宝宝能够坐得很稳，而且大多数可以独自坐了。因此，让宝宝坐在有东西支撑的地方喂饭是件容易的事，也可用宝宝专用的前面有托盘的椅子。总之，每次喂饭靠、坐的地方要固定，让宝宝明白坐在这个地方就是为了吃饭。

5 鼓励宝宝自己动手

9 个月的宝宝总想自己动手，因此可以手把手地训练宝宝自己吃饭。父母要与宝宝共持勺，先让宝宝拿着勺，然后父母帮助把饭放在勺子里，让宝宝自己把饭送入口中，但更多的是由父母帮助把饭喂入宝宝口中。

6 吃饭时间不宜过长

每顿饭不应花太多的时间，因为宝宝在饿时胃口特别好，所以刚开始吃饭时要专心致志，不能边吃边玩，要养成良好的吃饭习惯。

宝宝吃得好，要给他赞扬；吃得乱七八糟，也不要训斥他。

智能训练

教宝宝听指令

1 服从命令

给宝宝讲"坐下""不能吃""给我""让我看看你的新鞋"等,宝宝会用动作来服从父母的要求。训练宝宝能够执行简单的指令,如"小姐姐到咱家玩,我们笑笑欢迎"等,他做对了,父母要鼓掌、喝彩、夸奖,使他为自己的正确理解而高兴,尝到成功的喜悦。

2 听口令

先给宝宝一个玩具,让他用左手拿,再给他一块饼干,告诉他"倒手,倒手",做对了,亲亲他,并奖励他。让宝宝练习在口语指导下把玩具倒手,学会两手并用。

3 放手

和宝宝玩多种玩具,训练他有意识地将手中玩具或其他物品放在指定地方。父母可给予示范,让其模仿,并反复地用语言示意他"把××放下,放在××上",由握紧到放手,使手的动作受意志控制,手—眼—脑协调性又进了一步。

4 语言动作联系

继续训练宝宝理解语言的能力。在拿宝宝熟悉的物品时,边拿边问:"宝宝要不要饼干?""宝宝要不要小熊?"让他用手推开或皱眉表示不喜欢;用伸手、点头、谢谢表示喜欢,表示要。

5 滚筒

将圆柱体的滚筒(饮料瓶代替也可)放在地上,让宝宝用两只手推动它向前滚动。待他熟练后,再让他用一只手推动滚筒,并把它滚到指定地点。做对了,给予鼓励。他在戏耍中会逐渐建立起圆柱体物体能滚动的概念。

6 用动作表示语言

继续训练发音,如叫爸爸、妈妈、拿、打、娃娃、拍拍、高举等,多与他说话,多引导他发音,扩大他的语言范围。继续训练宝宝理解语言的能力,引导宝宝用动作来回答,如欢迎、再见、谢谢、虫子飞,以及听儿歌做1~2种动作表演等。

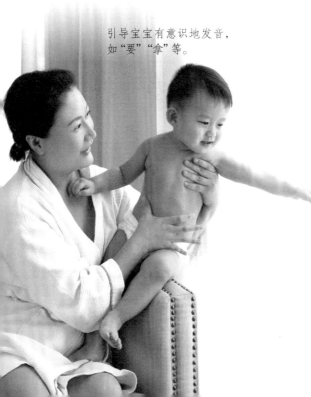

引导宝宝有意识地发音,如"要""拿"等。

情商培养
察言观色，主动配合

1 黏着妈妈
此时正是认生期的开始，认生的附属品当然就是不管到了哪里，宝宝总喜欢黏着妈妈，妈妈离开一步就会大哭，转着小脑袋到处找妈妈。千万不要责怪宝宝，这是他的必经阶段。

你可以和他多做几次短暂的分离，时间不要太长，回来以后多抱抱他、亲亲他，这样，他就会慢慢知道，妈妈走了还会回来，并不会丢下自己不管。这种情况大约在宝宝 1 岁半以后会减轻。

2 察言观色
此时，宝宝在理解语言上有了明显的进步。

如果你问宝宝"爸爸呢"，他立刻会把头转向爸爸。对宝宝说"再见"，他就会做相应的"再见"手势。你教他什么动作，他就会做出什么样的动作。

如果你非常兴奋地和爱人说笑，他也会很满足地在旁边当"小灯泡"，时不时还会"偷笑"。这个小人精儿，他非常享受这种全家乐融融的气氛呢！

3 力不从心就发火
一旦开始走路，他会常常沉浸在走路的兴奋之中，一心想试验自己"掌握一切"的能力，但事情并不会随着他的愿望发展，而他还没学会怎样面对这种情况，只能对着玩具、父母和自己发火，来发泄不满。比如盒子很小，他却拿着小皮球要往里塞，塞不进去，便会气得大叫，甚至把皮球扔掉；刚刚摔倒在地，哭着爬起来，又继续往前冲。

4 模仿父母动作
继续训练宝宝模仿父母的动作，比如见到邻居和亲友，爸爸拍手给宝宝看，妈妈把着宝宝的双手拍，边拍边说"欢迎"。反复练习，然后逐渐放手让他自己鼓掌欢迎。

5 主动配合
继续训练宝宝能配合父母的日常生活并养成良好的生活习惯，比如吃东西前会主动伸手让妈妈帮助洗手，吃完后会配合擦手、洗脸，收拾干净等。

宝宝主动配合擦脸时，妈妈要立即夸奖宝宝。

学说话，玩风铃

1 语言表达能力——看图学说话

游戏前的准备：植物（花、草）卡片，动物（狗、猫）卡片。

这样玩

① 妈妈指着一张图，问宝宝："这是什么？这是花儿，花。"然后教宝宝发音。

② 当让宝宝学习动物名称时，有时候宝宝无法说出正确的动物名称。例如狗就说"汪汪"，猫就说"喵喵"，这时就必须指导宝宝了解正确的名称，如狗、猫等。

益处多多： 10个月左右，宝宝从大量发出的音节中，在咿呀学语的过程中保存下来一部分语音，构成了最初的词语因素。在学说话的过程中，即使宝宝使用幼儿语言，只要周围的大人一直使用正确的发音、正确的语言，自然就会成为宝宝良好的范例。

妈妈尽量选用正确的发音、正确的语言，避免使用一些幼儿语言。

温馨小贴士： 如果宝宝无法正确地发音，妈妈也要耐心地教宝宝，并鼓励宝宝再加油，慢慢学就会了。

2 数字演算能力——看，我真能干

游戏前的准备：规格相同的塑料水杯（或纸杯）5个。

这样玩

① 妈妈把水杯一字排开放在宝宝面前。妈妈依水杯摆放的顺序，拿起一侧的水杯套在另外一个水杯上。依次将5个水杯套在一起，演示给宝宝看，然后再将水杯依次排开。

② 请宝宝拿起一个水杯套在另外的水杯上，依次将水杯摞起来。妈妈需要在旁边协助，并及时鼓励宝宝。

益处多多： 这个游戏可以加强宝宝对多与少的理解，而且通过这种比较还可以增强宝宝的对比能力，这也是左脑的一项主要能力。另外，将会进一步锻炼宝宝手拿物品的能力以及手眼的协调性，促进宝宝大脑的发育。

温馨小贴士： 宝宝每套一个时，要及时鼓励宝宝，调动宝宝的积极性。

3 音乐能力——好玩的风铃

游戏前的准备: 风铃。

这样玩

① 妈妈在室内悬挂风铃, 然后抱起宝宝触碰风铃, 使其发出清脆悦耳的声音。宝宝会很好奇。

② 妈妈告诉宝宝:"这是风铃, 声音真好听。"

③ 妈妈让宝宝手握风铃, 妈妈握着宝宝的手摇动风铃, 然后让宝宝自己触碰风铃, 这时宝宝会很兴奋。

益处多多: 在这个游戏中, 当宝宝把风铃摇晃并伴随发出清脆的声音时, 宝宝会高兴得手舞足蹈, 从而培养宝宝的乐感。

温馨小贴士: 为了不累着宝宝, 每次不超过 5 分钟, 宝宝感觉总是意犹未尽。

4 空间想象能力——小船晃悠悠

游戏前的准备: 浴缸中注入半缸温水, 宝宝的塑料浴盆(或充气的塑料救生圈)。

这样玩

① 妈妈在宝宝的浴盆里装半盆温水, 铺上一条毛巾, 把浴盆放入浴缸。

② 妈妈把宝宝放入浴盆中, 或把宝宝放在救生圈里。一边给宝宝洗澡, 一边晃悠浴盆或救生圈, 让宝宝感觉像在坐小船。

一二三, 三二一,
小宝宝, 坐小船,
荡过来, 晃过去,
晃晃悠悠把船坐。

益处多多: 洗澡是宝宝非常喜欢的活动, 划小船的形式对宝宝空间平衡能力的发展大有帮助, 可丰富对大脑神经的刺激。母婴交流丰富的宝宝, 在成长过程中会表情丰富, 发音准确, 性格热情活泼, 能够与他人和谐相处。

温馨小贴士: 游戏时间不宜过长, 小心宝宝着凉。

把风铃挂在婴儿床的上方, 就可以偶尔把宝宝举起来玩风铃了。

第 9 章

* 竖起食指表示 "1"。

* 能听懂大人的取物指令。

* 断母乳后的合理膳食。

育儿
要点

* 蹒跚学步。

* 涂涂抹抹，认颜色。

* 用点头、摇头表示意见。

11~12 个月

能独站了，要学走

身体发育·男宝宝

第 12 个月的体重 ＿＿＿＿＿＿ 千克（正常范围 10.69±1.11 千克）

第 12 个月的身长 ＿＿＿＿＿＿ 厘米（正常范围 76.2±2.5 厘米）

第 12 个月的头围 ＿＿＿＿＿＿ 厘米（正常范围 46.7±1.2 厘米）

身体发育·女宝宝

第 12 个月的体重 ＿＿＿＿＿＿ 千克（正常范围 10.29±0.99 千克）

第 12 个月的身长 ＿＿＿＿＿＿ 厘米（正常范围 74.6±2.4 厘米）

第 12 个月的头围 ＿＿＿＿＿＿ 厘米（正常范围 45.6±1.4 厘米）

生长发育特征 # 活泼、机灵，又好动

1 小小机灵鬼

宝宝已由嗷嗷待哺的小婴儿变成一个眼观六路、耳听八方的机灵鬼，一个咿呀学语、蹒跚而行、会向妈妈表达依恋之情的小能人。

如果某一天，宝宝把那个一直用来啃咬的玩具电话放在耳边倾听了，不要奇怪。此时，宝宝不但知道了电话的名字，也明白了它的功用，他在模仿你的动作呢!

2 喜欢走路

有的宝宝可以自己走路了，尽管还不太稳，但对走路的兴趣却很浓。站着时，他可以弯下腰去捡东西，也会试图爬到一些矮的家具上。

3 个性越来越明显

宝宝的个性越来越明显，性格外向、活泼好动的宝宝会越来越喜欢各种探险和刺激性的游戏，而性格内向、温和安静的宝宝则更加认生。

宝宝走路还不太稳，妈妈一定要在后面随时保护宝宝，防止摔倒。

4 自理能力变强

现在，宝宝不但渴望自己吃饭、自己穿衣服，而且喜欢参与做家务。不妨抓住这个机会，培养宝宝爱劳动的好习惯。如给他一块抹布，请他帮你擦桌子，并不失时机表扬一下。

5 语言能力变强

在正确的教育下，宝宝可以说出爸爸、妈妈、娃娃、帽帽、拿、给、打、抱等 5~10 个简单的词。当宝宝和你说"饭饭"时，可能是他想吃东西了。

6 喜欢社交

宝宝更愿意与小朋友接近、游戏，也很讨人喜欢，如果你说:"给妈妈拿顶帽子来。"宝宝会很高兴地尽力拿给你，并期望着得到你的夸奖。

妈妈早教 10 分钟

乳牙萌出过晚怎么办

宝宝在 6 个月左右长出第一颗乳牙，由于各个宝宝之间存在个体差异，在 1 岁以内萌出第一颗牙都属正常。

凡 1 岁后仍未长出乳牙的宝宝，父母应带宝宝去医院，在全面体检未发现异常之后，应拍摄牙床 X 线片，排除异常，由专科医生进行治疗。若通过全面体检找出病因，如营养不良、克汀病、甲状腺功能不足、佝偻病等，应积极针对病因治疗。

喂养指导 # 保证宝宝的营养需求

为了使营养更均衡，可以把小米和豆类搭配在一起，用豆浆机打成汁后再喂宝宝。

1 要多吃粗粮和蔬菜

给宝宝经常吃富含膳食纤维的食物，可以促进咀嚼肌的发育，并有利于幼儿牙齿和下颌的发育，能促进胃肠蠕动，增强胃肠消化功能，防止便秘，还具有预防龋齿和结肠癌的作用。

粗粮有玉米、黄豆、小米、绿豆、蚕豆等；含膳食纤维丰富的蔬菜有油菜、黄花菜、韭菜、芹菜、香椿、芥菜等。此外，海带、黑木耳、蘑菇中膳食纤维含量也较高。

2 烹调有讲究

蔬菜要选新鲜的，最好现做现买，做到先洗后切，急火快炒，以避免维生素 C 的丢失。

焖米饭比捞饭有营养，捞饭会损失约 5% 的蛋白质及 87% 的维生素 B_1。

熬粥时不宜放碱，否则会破坏食物中的水溶性维生素。

不宜油炸，因为油炸的食物会大量破坏其内含的维生素 B_1 及维生素 B_2。

3 食量小的宝宝应少食多餐

食量小的宝宝最好少食多餐，每日 4 餐配方奶，每次 100~150 毫升，其他时间吃正餐及水果、鸡蛋、点心等，半夜醒了要喝奶也要给喝。此外，让宝宝自己用勺或用手抓着吃，也会多吃一些。

4 一定要吃新鲜的食物

不新鲜的瓜果，陈旧发霉的谷类，腐败变质的鱼、肉，不仅失去了原来所含的营养素，还含有各种对人体有害的物质，食后会引起食物中毒。这类食物在宝宝膳食中，应是绝对禁止的。

5 新食物一次宜增加一种

在餐桌上一次只增加一种新食物，量要少，应在宝宝饥饿时或精神良好时喂，只喂一汤匙。把新食物和宝宝熟悉的食物搭配在一起吃。

6 新食物宜烹饪成多种菜肴

一种新食物烹调制作成多种菜肴，让它以另一种形式去引起宝宝的兴趣，或许宝宝乐于接受。

利用宝宝喜欢食用的某类食物（例如饺子、包子），把新食物加工成这类食物，以此达到让他接受新食物的目的。

7 新食物应注重色、香、味、形

为宝宝准备新食物时，应注意色、香、味、形，以增加进食兴趣，使宝宝易于接受。

父母带头品尝新食物，并做出兴致很高的表情，以增加宝宝对新食物的感官了解和熟悉程度。

8 偏胖宝宝宜用水果代替点心

饭量大、有偏胖趋势的宝宝，最好用水果代替点心，每日以 50 克为宜，过多也会增胖；饭量小的宝宝，餐后 2 小时适量吃些点心，有利于健康。

9 喂点心的最佳时间

点心可以作为一种增进宝宝生活乐趣的调剂品，妈妈在和宝宝讲话、教导他时，可适当给宝宝一些点心。给宝宝喂点心的最佳时间是上午 10 点和下午 3 点，但要选择不耐饥饿的点心。若宝宝没有食欲就不必强喂。

10 点心不宜太甜

爸爸妈妈在为宝宝选购点心时，不要选太甜的食品，尤其是巧克力等糖果，不要作为点心给宝宝吃。

11 宝宝经典转奶餐

三色煨面

将 200 克鱼肉切片，半个西红柿切片，2 匙毛豆仁烫熟后冲凉。将 2 杯鸡汤烧开，放入毛豆仁和西红柿先煮；另烧水将面条煮一小会儿，捞出后放入鸡汤内，加入鱼肉煮熟。

小贴士：最好选择鳕鱼肉或巴沙鱼肉，因为这两种鱼肉刺比较少，而且易清理。

黄鱼小馅饼

黄鱼肉泥 100 克，配方奶 50 克，鸡蛋 1 个，淀粉、洋葱末各少许。将以上各种材料放入盆中，搅拌成有黏性的鱼肉馅；把鱼肉馅制成小圆饼，放入锅中煎至两面熟透。

小贴士：黄鱼含有丰富的蛋白质、脂肪、钙、磷、铁、锌及多种维生素和烟酸，是宝宝可口的营养佳品，注意鱼刺一定要全挑出来。

所有的食材都要煮软烂，宝宝才会更喜欢吃。

馅饼色泽金黄，能充分调动宝宝的食欲。

日常养护

让宝宝开步

1 基本的能力练习

站立：当宝宝爬行熟练时，他将会爬到各类家具的边沿以便扶着站立。

蹲下：最初扶物站立时，可能还不会坐下，把玩具放在近脚一侧的地面上引诱他，让他低头弯腰去抓。

爬上爬下：把宝宝放床上，让他后退，爬到床边即停止，然后抓住他的脚，让他慢慢地挪动下床直到脚着地并能站立。

站立

蹲下

爬上爬下

2 学步前的准备

宝宝开始学走步时，可以穿防滑的袜子，这样可以避免滑倒。

选择一个摔倒了也不会受伤的地方，特别要将四周的环境布置一下，要把有棱角的东西都拿开。

3 走路练习以 30 分钟为宜

扶走：父母可以站在宝宝的后方扶住其腋下，或在前面搀着他的双手向前迈步，练习走。拉手走只能用于练习迈步。

独走：创造一个引导宝宝独立迈步的环境，如让宝宝靠墙站好，父母退后两步，伸开双手鼓励宝宝。当宝宝第一次迈步时，你需要向前迎一下，避免他第一次尝试时摔倒。

练习时间：每天练习时间不宜过长，从 5 分钟开始，逐渐增加到 30 分钟左右就可以了。总之应根据自己宝宝的具体情况，灵活掌握时间，切不可机械训练宝宝。

4 防止吞食异物

清理小物品：特别要注意宝宝爬行的地面上是否掉有小物品，如扣子、大头针、曲别针、豆粒、硬币等。

当心水果核：当吃有核的水果时，如枣、山楂、橘子等，要特别当心，应先把核取出后再喂食。

检查玩具零部件：应对玩具进行仔细检查，看看玩具的零部件，如眼睛、小珠子等有无松动或掉下来的可能。

5 宝宝吞食异物了怎么办

当发现宝宝吃了什么东西或有些不太正常时，父母可以用一只手捏住宝宝的腮部，另一只手伸进他的嘴里，把东西掏出来。

若发现宝宝已将东西吞下去，可刺激他的咽部，促使宝宝呕吐，把吞下去的东西吐出来；假如宝宝翻白眼，就赶紧把宝宝双脚提起来，脚在上，头朝下，拍他的背部，促使其将物品吐出；或者在宝宝背后和心口窝的下面，用双手往心口窝方向用力挤压（注意用力应适当），这样能在宝宝使劲憋气的同时，把吞下去的东西吐出来。

宝宝头朝下，趴在妈妈的腿上，妈妈拍打宝宝背部，促使宝宝将异物吐出。

妈妈用力挤压宝宝的心口窝，促使宝宝憋气，进而吐出异物。

如果以上方法还不见效，应立即带宝宝到就近的医院，请医生诊断治疗。

6 戒除安抚奶嘴

现在，宝宝如果还离不开安抚奶嘴，不但会影响宝宝的牙齿排列，还可能让宝宝在心理上越来越依赖这个小小的奶嘴。

当宝宝哭闹时，不要用安抚奶嘴堵住他的嘴，应该弄清他需要什么，多抱他，多和他说话，多陪他玩。

如果宝宝有含着奶嘴才能睡着的习惯，你可以给他更多的爱和关怀，帮他建立一个新的夜间安睡模式，和他一起享受一整夜美好的睡眠。

告诉宝宝："别的小朋友都不含奶嘴了，你已长大了，不应该再用了。"当然，还要告诉宝宝，拿开奶嘴说话别人才能听清他在说什么。

习惯培养 # 培养良好的进餐习惯

1 培养对食物的兴趣

培养宝宝对食物的兴趣，引起他旺盛的食欲，有助于消化腺分泌消化液，使食物得到良好的消化。因此，爸爸妈妈在烹调食物时要做到色香味俱全，软烂适宜，便于宝宝咀嚼和吞咽。

2 培养良好的卫生习惯

饭前要洗手、洗脸，围上围嘴，桌面应干净。每天在固定的地点喂饭，给宝宝一个良好的进餐环境。在吃饭时，父母不要逗他笑，不要让他哭闹，不要分散他的注意力，更不能边吃边玩。

3 训练使用餐具

要训练宝宝逐步适应使用餐具，为以后独立进餐做准备。如训练他自己握水杯喝水、喝奶，自己用手拿饼干吃；训练正确的握勺姿势和用勺盛饭。

4 避免挑食和偏食

米饭、面食、蔬菜、鱼、肉、水果都能吃，鼓励他多咀嚼，每餐要干、稀搭配。

5 定时定点吃饭

饭前 1 小时内不吃零食，平时零食不能吃得过多，热量不能过高。

不能进食过多凉食、冷饮，防止伤及脾胃，以保护肠胃功能。

吃饭时忌看电视、书及手持玩具。

饭菜花样经常更新，引起宝宝食欲。

妈妈早教 10 分钟

预防宝宝断奶后发生便秘

＊宝宝不能偏食，五谷杂粮及各种水果蔬菜都应均衡摄入。适量喝点菊花茶，喝一点菜粥，以增加肠道内的膳食纤维，促进胃肠蠕动，使排便通畅。

＊便秘的宝宝不宜吃话梅、柠檬等酸性果品，食用过多不利于排便。

＊保证宝宝每天有一定的运动量和喝足够的水，可以有效预防宝宝因断奶发生便秘。

保证宝宝每天喝足水，才可以有效防止宝宝因为断奶发生便秘。

智能训练

蹦跳，翻书，认颜色

1 蹦跳

让宝宝双手扶着床沿、沙发站稳，你可以喊着口令做双脚轻轻跳的示范动作，宝宝借助双手的支撑力量，模仿着用两脚踮动，你要鼓励并喊着口令。反复几次后，你一喊口令，宝宝就会随声踮动双脚，这对控制身体的平衡能力和培养勇敢、坚强的品格很重要。

2 翻书

拿专供宝宝阅读的大开本、有彩图、薄而耐用的书，边讲边帮助他自己翻着看，最后让他自己独立翻书。父母观察宝宝是否顺着看，从头开始，每次翻一页还是几页。宝宝开始时可能不分倒顺和次序，要通过认识简单数字逐渐加以纠正。随着空间知觉的发展，宝宝自然会调整过来。

3 主动发音

宝宝能有意识地叫"爸爸""妈妈"以后，还要引导他有意识地发出一个字音，来表示一个特定的动作或意思，如"走""坐""拿""要"等，从而能表达自己的愿望。与成人进行简单的语言对话，叫他能答应，说出来给予表扬。切记不可宝宝一举手，你就把索要物递给他，这样他就会停顿在动作语言期而不开口说话，造成语言发展滞后。

4 学认红色

先认红色，如皮球，告诉他这是红的，下次再问"红色"，他会毫不犹豫地指向皮球。再告诉他西红柿也是红的，宝宝会睁大眼睛表示怀疑，这时可再取2~3个红色玩具放在一起，肯定地说"红色"。颜色是较抽象的概念，要给宝宝时间让他慢慢理解，学会第一种颜色常需3~4个月。颜色要慢慢认，千万别着急，千万不要同时介绍两种颜色，否则更易混淆。

5 念故事

睡觉前给宝宝念一个短小有趣的故事，宝宝能很快记住。他往往是以机械的模式记忆，无意识记忆，如果念错了，宝宝会马上睁眼，盯着你，表示"你念错了"。他会说话时，他便立即说："不对。"

选择纸质软一点的书，便于宝宝翻阅。

情商培养

宝宝的脾气和想法

1 "小火山"爆发了

1 周岁左右的宝宝，迈出了人生的第一步，从此他就要进入幼儿期了。但你会发现，恼怒和不顺心常常伴随着小宝宝，他的脾气变坏了，经常气得大叫，并且把玩具到处扔，要不就使劲咬自己的小手指，像个"小火山"一样，不定什么时候就爆发。

2 小"阿 Q"的精神胜利法

不要认为宝宝心情不好的时候总会找妈妈来安慰，这个"小小人"同样也会自我安慰，来保持他快乐的天性呢。宝宝吮手指、叹气、转过头去不理等行为都是他自我安慰的方式。他似乎也明白日后要独立面对这个世界，必须找到一个能让自己感到安全和情绪稳定的方法，并不能事事都找妈妈。

3 属于宝宝的探索空间

宝宝的发展速度快得连父母都没有做好思想准备，总是提醒宝宝"要当心""不能做""不要摔了"。

试想，当我们正在从事一项非常感兴趣的探索活动时，周围总有个人在耳边这样叨叨，你是不是也会心烦地大声说"不要吵了，让我安静"。宝宝可不会这样说，只会以哭闹表示反抗，所以你最好给宝宝提供一个安全的探索空间：

所有危险的、不该让宝宝碰到的东西，如暖水壶、刀子、剪子等都放到宝宝看不见的地方。

不要伤害宝宝的好奇心，如果你怕宝宝打碎花瓶，最好悄悄把它收起来，而不是老嘱咐宝宝："不要碰那个花瓶，很容易打碎。"

4 随声舞动

经常给宝宝听节奏明快的音乐或押韵的儿歌，让他随声点头、拍手，也可用手扶着他的两只胳膊，左右摇身。多次重复后，他能随音乐的节奏做简单的动作。

5 用动作表达愿望

将玩具和食品放在宝宝面前，训练他会用点头表示同意，用摇头表示不同意。每次给宝宝食物时，先让他点头表示同意，然后再给他。

宝宝把玩具弄得乱七八糟，那是宝宝的天性，妈妈不要呵斥宝宝。

思维游戏

能认图，会辨音

1 图形认知能力——可爱的魔方

游戏前的准备：一个正方形的空纸盒，在盒子的六面贴上六张好看的、宝宝熟悉的彩色图片和照片。

这样玩

① 妈妈把正方形盒子拿给宝宝，让宝宝随意地转动、欣赏。

② 每当转到一个画面时，妈妈就告诉宝宝："这是爸爸""这是苹果"……

③ 在宝宝熟悉了画面的位置后，妈妈可让宝宝听指令找画面。妈妈说："苹果在哪儿？"指引宝宝把贴有苹果图片的那一个面转过来，让妈妈看一看。

益处多多：这个游戏可以促进宝宝对图片的观察力，培养宝宝的暂时记忆和永久记忆，对于锻炼宝宝初步的形象思维能力也有所帮助。同时，转动盒子的动作可以锻炼宝宝的双手协调能力，这对宝宝左右大脑的均衡发展有很大的好处。

温馨小贴士：如果宝宝能很快地把画面按照妈妈的要求翻转出来，妈妈应对宝宝予以鼓励。

2 空间想象能力——钻洞洞

游戏前的准备：在家中干净的地板上。

这样玩

① 爸爸膝盖着地，手撑地，搭成一个"山洞"。在爸爸身体的一侧放一个橘子，鼓励宝宝钻过"山洞"，拿回橘子。

② 宝宝拿到橘子后鼓励他"往回爬"，宝宝钻过"山洞"时，要为宝宝欢呼。

益处多多：宝宝爬行的水平直接影响到宝宝大脑的开发。而且，变换身体方位和空间感觉的爬行游戏有助于丰富宝宝的空间知觉和视觉空间智能。

温馨小贴士：妈妈可以在地面铺上小毛毯或其他柔软的覆盖物，以免地板太硬，宝宝觉得不适。

爬行的时候，宝宝的衣服上不要有挂饰。

3 音乐能力——辨别高低音

游戏前的准备：一段有明显高低音区别的乐曲。

这样玩

① 妈妈抱着宝宝听音乐，并不时对宝宝说："宝宝听，音乐多好听啊。"

② 当听到音乐的高音部分时，将宝宝高高举起，并对他说："宝宝长高了。"当听到低音时，妈妈把宝宝放低，说："宝宝变矮了。"

③ 妈妈也可以在给宝宝唱儿歌的时候故意用高音和低音，让宝宝来感受高低音。

> 小兔子，蹦蹦跳，一条小河挡了道。
> （低音）
> 长颈鹿，咪咪笑，伸出脖子搭座桥。
> （高音）
> 敬个礼，跳上桥，小兔过河吃青草。

益处多多：宝宝偏爱轻柔、旋律优美、节奏鲜明的音乐曲调。以音乐和儿歌的感染力去激发宝宝的右脑能力，使宝宝在愉快的情绪中进行简单的节奏训练，为培养宝宝的音乐能力打下基础。

温馨小贴士：这个游戏可以反复几次，让宝宝在愉快的心情中训练。

4 创意能力——我是小蜜蜂

游戏前的准备：蜜蜂头饰一个。

这样玩

① 妈妈和宝宝面对面坐在床上或地毯上，由妈妈扮演小蜜蜂。

② 妈妈一边念"一只小蜜蜂"一边用食指做"1"的动作，将两手放在头的两侧。念"飞到花丛中"时，伸出两只手在身侧，做"飞"的动作。念"飞到东来飞到西"时，分别向左右侧过身体，做"飞"的动作。

③ 念"飞来飞去嗡嗡嗡"时，夸张地用嘴发出"嗡嗡嗡"的声音，并将头靠近宝宝。

> 一只小蜜蜂呀，
> 飞到花丛中呀，
> 飞呀，飞呀。
> 飞到东来飞到西，
> 飞来飞去嗡嗡嗡。

益处多多：良好的理解力和丰富的想象力是促进和提高宝宝学习能力的基础，能使他具有超凡的创造力。通过儿歌伴随游戏可以提高宝宝的节奏感，促进宝宝语言智慧的发展，提高宝宝的学习能力。

温馨小贴士：这个游戏可以反复几次，能让宝宝充分理解语言和动作之间的关系。

第 10 章

*育儿
要点*

* 经常带宝宝到户外活动，训练宝宝独立走、跑的能力。

* 鼓励宝宝玩动手游戏，如搭积木、玩插塑、涂涂画画。

* 适时用语调、动作及表情表示对宝宝行为的称赞和批评。

* 多给宝宝讲故事、唱儿歌，鼓励宝宝说出自己的名字、年龄及常见物品名称。

* 认动物，学动物叫。

13~15 个月

叽叽喳喳说不停

身体发育·男宝宝

第 15 个月时的体重 _____ 千克（正常范围 11.23 ± 1.13 千克）

第 15 个月时的身长 _____ 厘米（正常范围 79.4 ± 2.6 厘米）

第 15 个月时的头围 _____ 厘米（正常范围 47.2 ± 1.2 厘米）

身体发育·女宝宝

第 15 个月时的体重 _____ 千克（正常范围 10.78 ± 1.15 千克）

第 15 个月时的身长 _____ 厘米（正常范围 77.8 ± 2.6 厘米）

第 15 个月时的头围 _____ 厘米（正常范围 46.3 ± 1.4 厘米）

生长发育特征

走出襁褓，长大了

1 宝宝的牙齿
宝宝的体格发育速度明显减缓，但体重、身高、头围、胸围仍以较快的速度增长，囟门在慢慢闭合。13个月时牙齿一般有8颗，15个月时有10颗。

2 手拉手，上楼梯
多数宝宝不但能独立行走，也很少跌倒了；拉着宝宝一只手就能上楼梯，也可以用手足爬上1~2级楼梯；还能从站姿到蹲下，再站起，也能爬上大椅子。

3 自理能力变强
宝宝已经能自己用勺子装上食物放入口中，也会在大小便时及时蹲下或找便盆；如果给宝宝穿衣服，他会伸手入袖，也会主动抬腿，甚至会自己把帽子放在头上。

4 说单词和句子
宝宝正处在理解语言阶段，是典型的"听得多、说得少"，但多数已经能说10~20个词，也会说简单的句子，如"爸爸走""听故事"等，但发音不一定清楚。

5 明显的个性
宝宝开始更加明显地展示自己独特的气质类型，如有的活泼好动，有的文雅安静；有的能很快适应新环境，有的却很内向；有的感情丰富，有的感情细腻。

6 交际能力变强
当父母要离开时，宝宝会依依不舍，但更喜欢和玩具、同伴在一起；当需要他人帮助时，宝宝会主动求助于父母，甚至要求其他人加入他的游戏中。

7 力所能及地玩游戏
宝宝玩游戏时，你或许很想帮他搭一搭积木，或者把那个很难套上去的套塔弄好，但宝宝会拿开你的手。此时，你最好做个安静的旁观者，静静欣赏宝宝的杰作。

把部件组装成火车，宝宝慢慢就会理解部分与整体的意义了。

妈妈早教10分钟

对付"小捣蛋"

宝宝越来越淘气了，每天把家里的玩具、物品到处乱扔。这是什么原因呢？原来宝宝捣蛋是因为他的精力旺盛无处释放，正确引导宝宝玩耍是改变"小捣蛋"的关键。"宝宝我们去摆积木""画笔睡醒了，我们画画去"……慢慢地，你会发现用游戏的方式会使他很快安静下来。

喂养指导

不挑食，适量吃

1 父母不表现自己的喜好

即使父母自己不爱吃的某种食物，也要给宝宝吃，并尽量不表现出挑食来，绝不能因自己不吃而影响宝宝。

1 岁以后，一般宝宝都会挑食。经常挑食的宝宝，会造成某种或几种营养素的缺乏，影响健康和正常的生长发育，父母一定要帮助宝宝纠正挑食的坏习惯。

2 不拿食物作奖励

父母不能以某种食物（宝宝喜欢挑吃的食物）作为对宝宝的奖励，这样会助长宝宝挑食的毛病。

3 情绪好坏影响食欲

就餐时，中枢神经和副交感神经适度兴奋，消化液开始分泌，胃肠就开始蠕动，有饥饿感，为接受食物做准备，接着完成对食物的吸收、利用，有益于宝宝的生长发育。情绪的好坏对中枢神经系统有直接的影响，当宝宝生气、发脾气时，易造成食欲不振，消化功能紊乱。

4 吃饭时应拿开玩具

宝宝饭前不要过度玩耍，以免宝宝不愿吃饭。当宝宝吃饭时，父母要把玩具拿开，关掉电视，使宝宝专心吃饭。

5 边吃边玩害处多

宝宝一边吃一边玩，会导致胃的血流供应量减少，消化功能减弱，引起食欲不振。由于宝宝吃几口，玩一阵子，使正常

的进餐时间延长，饭菜变凉，还容易被污染，影响胃肠道的消化功能，会加重厌食。这不仅会损害宝宝的身体健康，也会使宝宝从小养成做事不严肃、不认真的不良习惯，长大后往往学习不专心，边玩边学，上课不专心听讲。

6 吃多吃少因人而异

宝宝 1 周岁之后，饮食有较明显的变化，个体差异也越来越明显，有的食量大，有的食量小。这是因为每个宝宝的自身需要不同，存在个体差异的缘故。

当宝宝某顿饭吃得少时，父母不能强迫他吃，只要宝宝的饮食在一周内或一段时间内是均衡的就行了。

如果长期饮食过少并失去平衡，就应该去找医生做营养咨询。

无论你的宝宝吃多吃少，父母都必须保证他摄取丰富的营养，尤其注重蛋白质的供应，合理安排膳食，让宝宝茁壮成长。

吃饭的时候，不要让宝宝玩玩具，以免影响他专心吃饭。

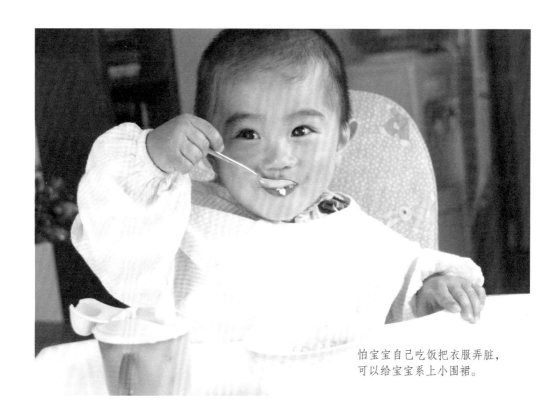

怕宝宝自己吃饭把衣服弄脏，
可以给宝宝系上小围裙。

7 不宜吃太多

宝宝的自我控制能力很差，只要是爱吃的食物，如糖豆、牛肉干，就不停地吃。宝宝吃了过量油腻、生冷、过甜的饮食，胃胀得鼓鼓的，小肚子溜溜圆的，而引起消化不良，食欲减退，中医称"食积"。

宝宝患食积后，腹胀、不思饮食、恶心，有时吐不出来，精神不振、睡眠不安。因此，父母要严格控制宝宝的进食量，不能一味宠爱。

8 如果宝宝患食积

宝宝食积的治疗，要先从调节饮食着手，适当控制进食量，饮食应软、稀，易于消化（米汤、面汤之类），经 6~12 个小时后，再进食易消化的蛋白质食物。同时还要让宝宝到户外多运动，帮助消化、吸收。父母要培养宝宝良好的饮食习惯，每餐定时、定量，避免食积发生。

9 强迫进食害处多

容易导致厌食：为避免父母的责骂，宝宝在极不愉快的情绪下进食，没有仔细咀嚼，硬咽下去，宝宝根本感觉不到饭菜的可口香味，对食物毫无兴趣，久而久之，厌烦吃饭。

消化能力减弱：宝宝在惊恐、烦恼的心情下进食，即便把饭菜吃进肚子里，也不易将食物充分消化和吸收。长期下去，会造成营养不良，更加拒食，影响正常的生长发育。

日常养护

穿着和玩具

1. 衣服尺码宜偏大

父母都喜欢给宝宝买漂亮衣服，但不必为此花大量的钱。这个阶段的宝宝活泼、好动，衣服易脏，换得也勤，买些经济实惠的衣服，或亲手缝制会更符合需要。

为宝宝购买或缝制衣服时，尺码应稍微大一些，这样不会影响宝宝的生长发育，宝宝活动起来也会更方便一些。

2. 衣服以前面开口为宜

宝宝的衣服以前面开口或宽圆领的衣服为好，因为宝宝不喜欢被衣物遮住脸部。同时，还要避免硬的接缝或粗糙的缝缀，更不能用拉链，以免划伤宝宝的脸。

3. 不要给宝宝穿高领衣服

这个时期，父母不要给宝宝穿高领毛衣或绒衣，虽然它可抵御风寒，但容易引起颈部瘙痒。

4. 衣服应吸湿性、透气性好

宝宝的外衣要选择质地牢、容易洗涤且吸湿性、透气性好的针织品，如涤棉混纺织物、中长化纤织物等，不要选择纯合成纤维织物，如纯涤纶、纯腈纶、纯锦纶织物等。

宝宝的内衣要选择透气性好、吸湿性强、保暖性好的织物，如化纤中的人造棉、天然纤维中的羊毛和纯棉织物，以及上述原料的针织品。

5. 鞋子不宜过大

过大的鞋会影响宝宝活动和走路的姿势，过小的鞋子会影响宝宝脚部肌肉和韧带的发育，还会使趾骨变形，脚肿和趾甲嵌入肉内。宝宝的脚趾还未定型，不宜穿拖鞋走路，因为穿拖鞋走路脚趾用力，容易长成八字脚，影响走路的姿势。

买鞋要点

* 一定带上宝宝试一试，因为不同品牌的鞋的尺码会有一定的差别。

* 试穿鞋时一定要让宝宝穿上袜子。

* 穿上鞋子后妈妈要用手按一按宝宝的前脚趾，以鞋与大脚趾之间有一指宽为宜。

* 妈妈把食指放在宝宝的脚与鞋帮之间，以食指能自由活动为宜。

厚厚软软的衣服，既保暖又舒适。

6 鞋子应防滑

为宝宝选鞋子，首推橡胶底的布鞋，它比较有弹性，穿着舒服还不易打滑且透气性强。

为便于脚趾的活动，可选用鞋头较宽、呈圆形的幼儿鞋。

7 为学步宝宝推荐的玩具

①能够边走边玩的拖拉玩具。如手推车、拖拉鸭、小马拉车，这类玩具可在地上拖动，边走边发出声音，可增进宝宝走路的兴趣，使他心情愉快，喜欢走路。

②可拼装的积木。宝宝不仅会拆，慢慢地也会拼，这类玩具不仅可增加宝宝小手的灵活性，也可增加小手指的力气，还可增加宝宝的自信心。

③各种各样大小不一的卡片和书。宝宝喜欢翻找自己喜爱的图画，他会记住这些卡片和书是属于他的。

④宝宝自己的小碗、小勺、小杯子也能成为他喜欢的玩具。

8 怎样鼓励宝宝说话

要在宝宝安静、愉快时和他交谈，这样会使宝宝情绪稳定，注意力集中，提高宝宝的记忆力和理解能力。

你要随时随地告诉宝宝你们在做什么：宝宝吃奶了，宝宝要撒尿了，宝宝饿了吗，我们洗手了，这是一只小狗……

当宝宝看着你，和你咿呀说话时，要及时应答宝宝，尽量理解宝宝的意思，并用完整、清晰的语言重复给宝宝听。

当宝宝用表情或动作向你表达需求时，不妨和他讨论一下：你想喝水还是吃苹果？当宝宝说出"果果"时，要及时拿给他，并表扬他说得很好。

在游戏中激发宝宝说话的兴趣。如做游戏时，你不停地说："小兔跑，小马跑，宝宝跑不跑？"反复引导宝宝，这样他就会说"跑"了。

教宝宝认识事物时，实物图比卡通图更好。

习惯培养

左利手，有自信

1 左利手不必纠正

人的大脑有左右半球，左半球在语言、书写、计算、思维等方面起主导作用，而右半球则在技艺、美术、音乐、审美、情感方面占优势。

大多数人习惯用右手，这促进了左侧大脑半球的功能发展。而习惯左手工作的人，其右侧大脑半球的功能会得到特别的发展。

擅长用右手的人，大脑左半球为"优势半球"；擅长用左手的人，大脑右半球为"优势半球"。强迫左利手改用右手，大脑中的"优势半球"并未改变，这无形中加重了宝宝大脑功能的负担，易在两个半球的功能调整中造成紊乱，如说话不清、口吃、书写迟钝等，甚至使智力发育受到影响。所以，宝宝如果是左利手，不必纠正，应顺其自然。

2 改掉宝宝咬人的习惯

咬人是周岁宝宝比较常见的行为，当宝宝第一次咬人时，家长过分紧张，甚至拍打宝宝屁股，会使宝宝感觉这样很有意思，还会继续咬人。妈妈应低调处理，转移宝宝注意力。

当宝宝准备"出击"时，用语言或行动予以制止，并将他带走，加以安抚，让他冷静下来。当宝宝发脾气时，给他一样东西，如干净的手帕，让他咬咬，解解气，让宝宝冷静下来。

找到宝宝爱咬人的原因：休息不够，所以脾气暴躁？因为自私不愿分享，而暴力袭人？因为某种生理原因导致咬人？对症下药，才能事半功倍。

多给宝宝关爱，让宝宝在爱和被关注的环境中变得温和、善良。

3 培养宝宝的自信心

创造和谐、愉快的家庭氛围，建立良好的亲子关系，这可以给宝宝带来安全感和家庭的爱护。

帮宝宝获得成功的体验，家庭应提供能发展宝宝独立能力的练习机会，如系扣子、搬椅子等。

对宝宝的优点和进步要及时给予表扬和鼓励。

习惯用左手的宝宝，右脑会发育得更好，不要强迫宝宝改变。

智能训练

能走，会说，也听话

1 盖盖、配盖

将用过的盒子、瓶子、杯子当玩具。父母先示范打开一个瓶盖，再盖上，然后让宝宝模仿。宝宝打开一个，再盖上，父母再给他另一个不同的，他又打开，盖上，练得熟练后，再练习给不同大小形状的瓶子配盖。宝宝在这种开开、盖上、配盖的简单游戏中，极大促进了动作智商的发展。

2 倒豆、捡豆

准备两个宽口瓶，其中一个放上数粒豆子，让宝宝练习倒豆，从一个瓶子倒到另一个瓶子。开始时，父母扶住瓶子，以免瓶子倒了，稍微扶一下宝宝往里倒豆子的那只手，让他对准瓶口往里倒，慢慢就不往地上撒豆子了。准备两个小盘和两个瓶子，让宝宝把盘子里的豆子捡到瓶子里，与宝宝同捡，看谁快。宝宝如果都能放到瓶子里，就鼓励他，或发小红花以示奖励。

3 扶栏上下楼梯

父母牵着宝宝扶栏上下楼梯。让宝宝自己扶好楼梯扶手，一步登上，两足站稳后再向上迈步。熟练后放手也先从上楼梯开始。宝宝能自己上楼梯后，父母再牵着宝宝慢慢学习一步往下迈，两足在台阶站稳之后，再伸足向下迈。宝宝一面迈步，父母一面鼓励"宝宝真勇敢"。

4 说出来再给

宝宝已懂得很多意思，但语言表达仍处于说简单的单词句子，还是习惯用动作表达需要和欲望。如想出去玩，用手指门；想喝饮料，用手指冰箱，就是"懒得"说出来。

父母应当采取"延迟满足"的办法，促使宝宝用语言表达意思，教宝宝用"是"或"不是"，"要"或"不要"，并配合点头或摇头动作，坚持"说出来再给"。

5 听从吩咐

吩咐他做些小事，如"给爸爸拿拖鞋来""给娃娃洗脸""哄娃娃睡觉"等。宝宝十分高兴地做各种小事情，因为做好事都会得到"真能干"的夸奖。

宝宝捡豆子的时候，妈妈要告诉宝宝不要吃豆子，以免噎住。

情商培养 正确对待宝宝的"暴力"

1 分辨表情

父母在宝宝面前经常做出高兴和生气的表情,让宝宝知道什么是喜,什么是怒。比如当宝宝拿糖给父母吃时,父母要表现出高兴的样子;宝宝做了不该做的事时,要一面制止,一面表现出生气的样子,并说"妈妈生气了"。这样能培养宝宝的社交能力。

2 "暴力"宝宝的表现

这个阶段的宝宝,有时候会兴奋地揪住妈妈的头发不放;和小朋友一起玩时,不知为什么便上手去抓,甚至抓破对方的脸;有时候则会用牙齿咬小朋友的手。这时,你不用担心宝宝长大后会成为一个小"暴徒",这只是宝宝发育过程中的必经阶段。1 岁左右的宝宝出现攻击性的行为很正常,但如果此时你没有合理地对待,也许会养成他打人的不良习惯,或者养成自卑、懦弱的性格。

3 宝宝暴力,妈妈要正确介入

对宝宝来说,"暴力"是他认识世界、处理周围环境的一种正常的方式。你正确的介入方法是平心静气地对待,然后转移他的注意力。

讲道理: 宝宝抓人、打人的目的仅仅是出于想交往时,你可以告诉他,这不是正确的交往方式,交朋友应该是握握手或者再拥抱一下。

别让宝宝从攻击中获得任何好处: 宝宝第一次用武力抢玩具,只是出于一种本能,而他一旦从中获益,便会聪明地把两者联系在一起,认为只要这样做一定可以得到玩具,便会养成习惯。

4 独自玩

在父母视线范围内,为宝宝准备他喜欢的玩具和活动用具,如娃娃、汽车、积木、插片等,让他独自玩。宝宝提问时,要实事求是认真回答,不能搪塞或敷衍了事。

宝宝边玩边思考,逻辑思维能力慢慢就提高了。

思维游戏 "小巨人",会玩球,会画画

1 空间想象能力——巨人来喽

游戏前的准备：去空旷的草坪，或者就在客厅、走廊、房间内。

这样玩

① 宝宝骑在爸爸的脖子上，让宝宝用双手抱住爸爸的头，爸爸用双手拉住宝宝的双脚，或者爸爸可以直接握住宝宝的上臂。

② 爸爸边走边说："巨人来喽，巨人来喽。"

益处多多：在这个游戏中，站的角度不同，观察物体的形状也就不同，可以很好地满足宝宝的好奇心，让宝宝感受到新鲜和快乐，从而促进右脑的空间想象能力发展。

温馨小贴士：爸爸要注意宝宝的安全，小心地避开高处的障碍物。

2 图形认知能力——认识三角形

游戏前的准备：一些大小不同的三角形图片和三角形娃娃。

这样玩

① 妈妈先拿着三角形娃娃，用三角形尖尖的角轻扎宝宝的手，让宝宝感知三角形有角。

② 然后妈妈教宝宝来认识大小不同的三角形，告诉宝宝："这是大的三角形，这是小的三角形。"这个活动要在日常生活中反复进行，直到宝宝能够准确地分辨三角形。

益处多多：宝宝对物体形状的感知需要多种分析系统的协同活动，当视觉和触觉相结合时，对物体形状的感知效果较好。妈妈要给宝宝足够的时间，让其感知、触摸，逐渐形成对图形的准确知觉。

温馨小贴士：妈妈还可以用一张正方形纸，先折成三角形，再折成小帽子给宝宝戴上，引起宝宝的兴趣，进而让宝宝知道三角形的作用。

爸爸两手要抓住宝宝的双腿，宝宝的手要抱着爸爸的头，这样就很安全了。

3 视觉记忆能力——美丽的玻璃球

游戏前的准备：一些红、绿、蓝、黄、黑、白 6 种颜色的玻璃球，两个塑料小碗。

这样玩

① 妈妈告诉宝宝："宝宝，把红色的玻璃球抓过来放到小碗里。"然后妈妈再要求宝宝抓其他颜色的球。

② 宝宝用小手抓玻璃球，如果抓错了，妈妈要耐心地教宝宝。鼓励宝宝左右手轮换抓。

> 红球球，绿球球，
> 骨碌骨碌滑溜溜。
> 小宝宝，手儿巧，
> 骨碌骨碌抓得牢。

益处多多：研究表明，13 个月大的宝宝能认识和准确指出红、绿、蓝、黄、黑、白 6 种颜色，能听懂 6 色的名称，这个游戏可以进一步强化宝宝对色彩的认识。

温馨小贴士：妈妈一定要照看好宝宝，别让宝宝吞食玻璃球了。

4 创意能力——我也要画画

游戏前的准备：彩笔、纸张。

这样玩

① 妈妈用彩笔在纸上画出一张画，然后涂上色彩，让宝宝观看，以激发宝宝学习的兴趣。

② 妈妈把彩笔给宝宝，教他用右手握笔。让宝宝自己握笔任意在纸上涂涂点点，不管宝宝涂成什么样子，妈妈都要给予鼓励。

> 小宝宝，学画画，
> 大蜡笔，手中拿，
> 画小鸭，叫嘎嘎，
> 画小马，骑回家。

益处多多：随着图形识别能力的增长，身体位移能力的发展，接触环境能力的扩大和手的探索能力的增强，宝宝对外界事物的新异性和变化发生兴趣，探索外界和认知功能的增长均以图形知觉为基础。在这个游戏中，宝宝可以凭借自己的认识和想象来画出自己对事物的理解，开拓宝宝的创意能力。

温馨小贴士：妈妈一定要照看好宝宝，别让宝宝用笔戳伤眼睛。

用手抓东西对这个阶段的宝宝来说，是一种乐趣，注意千万别让宝宝误食玻璃球。

第11章

*学习将事物进行分类、比较。

*鼓励宝宝做妈妈的小帮手。

*养成良好的睡眠、饮食习惯。

育儿要点

*角色游戏,如购物扮演。

*保护不停探索的小家伙,注意安全,预防意外伤害。

*警惕消化不良,少吃油腻、过甜、油炸、黏食、刺激性食品。

16~18个月
宝宝好动,"脾气"大

身体发育·男宝宝

第18个月时的体重 _____ 千克(正常范围 11.56 ± 1.23 千克)

第18个月时的身长 _____ 厘米(正常范围 82.5 ± 2.8 厘米)

第18个月时的头围 _____ 厘米(正常范围 47.7 ± 1.1 厘米)

身体发育·女宝宝

第18个月时的体重 _____ 千克(正常范围 11.02 ± 1.48 千克)

第18个月时的身长 _____ 厘米(正常范围 81.4 ± 2.7 厘米)

第18个月时的头围 _____ 厘米(正常范围 47.6 ± 1.6 厘米)

生长发育特征 # 肚子变小，能力变强

1 肚子小多了

宝宝现在的外形与婴儿期相比，圆鼓鼓的肚子小了很多，腹部向前突出，前囟门闭合，有乳牙 10~16 颗。

2 动作变麻利了

宝宝已经能独立行走，他还会牵着玩具一起走，会倒退着走，会跑，但有时还会摔倒。当他玩积木时，会把 3~4 块积木叠放在一起，也会用画笔任意涂写。

3 有很强的自理能力

宝宝自己已经能够比较好地用勺子吃饭，也会用水杯喝水并且洒得很少；会脱掉帽子和鞋；白天基本能控制大小便，如果尿湿了裤子会主动示意。

4 能任意说出 20~30 个字

宝宝已经能任意说出 20~30 个字，也可以说 2~3 个字的短句，能用简单的语言正确表达自己的要求。当然，宝宝已能听懂很多话，并按听到的语言给出反应。

5 想象力开始萌芽

宝宝的无意注意进一步发展，有意注意开始萌芽，注意力集中的时间有所增长，也更容易记住印象强烈或带有感情的事物。

6 积极、愉快的情感增多了

宝宝积极、愉快的情感增多了，偶尔他也会考虑到集体中去和更多的小朋友一起玩。

妈妈早教 10 分钟

别让宝宝和宠物太近

宠物身上常寄生真菌，宝宝接触后易长癣。宝宝如果被宠物抓伤或咬伤后，易引起全身性感染，严重时会危及宝宝生命。

宝宝万一被宠物咬伤，应立即去医院处理伤口并注射狂犬疫苗。

当宝宝不自觉地和小鸭对话，如"小鸭，你饿不饿啊？"这时父母要充当小鸭的角色和宝宝对话。

喂养指导

吃对食物更健康

1 每天宜补充 35 克蛋白质

缺乏蛋白质可使宝宝免疫功能下降，容易生病。

一般来说 1 岁以上的幼儿时期，宝宝的体重增加到 10 千克以上，每天需要的蛋白质大约为 35 克。以 1 岁半的宝宝为例，每天最好吃 250~300 毫升配方奶、1 个鸡蛋、25 克瘦肉和一些豆制品，偶尔吃一些肝末、鱼泥，这样宝宝生长发育所需的蛋白质就基本能够满足了。

2 豆浆宜煮沸再喝

如果用豆浆来补充奶类的不足，要注意未经煮熟的豆浆不能喝。因为生豆浆中的皂素对胃黏膜会产生强烈的刺激，宝宝喝了生豆浆之后，就会在短时间内出现恶心、呕吐、腹泻、腹痛等症状。豆浆一定要煮沸后再煮 5 分钟才可给宝宝饮用。

3 不宜过多吃冷饮

宝宝对冷饮有特殊的偏爱，而且百吃不厌。家长往往认为只要宝宝喜欢吃，就给予满足，这样往往对宝宝的健康不利。大量的冷饮进入胃中，胃液因被稀释而减弱杀菌能力。

有些宝宝的肠胃对冷刺激比较敏感，吃较多的冷饮后，胃黏膜受损，胃痉挛，胃酸、胃消化酶大量减少，既影响了食物的消化，又因刺激使胃肠蠕动加快，大便变得稀薄，次数增多而致腹泻。而且冷饮中含有大量的糖，会使宝宝食欲不振。

因此，家长给宝宝吃冷饮要适量，而且不要安排在饭前或睡前。容易腹泻或正在腹泻的宝宝不应吃冷饮。

4 营造温馨、和谐的进餐氛围

让宝宝快乐进餐很重要。吃饭的时候，父母千万不要穿着油腻的围裙上餐桌，还应谈些快乐的话题。如果能播放一些优美舒缓的音乐，效果会很不错。

情绪的好坏对中枢神经系统有直接影响，当宝宝生气、发脾气时，很容易造成食欲不振、消化功能紊乱。因此，要给宝宝营造一个愉快、温馨的就餐环境。

给宝宝喝的豆浆要多煮一会儿，熟透再喝。

5 不宜多吃的食品

油炸食品: 以美式快餐为代表的油炸食品易导致肥胖。油炸淀粉类食物是导致心血管疾病的元凶。高温会破坏维生素,使蛋白质变性,产生致癌物质。

腌制食品: 泡菜、咸菜、腊肉等含盐量过高,会使肾负担过重,长期食用易导致高血压,且对肠胃黏膜有害,同时还含有大量致癌物质。

加工类肉食品: 肉松、香肠含三大致癌物质之一的亚硝酸盐(防腐和显色作用),同时还含有大量防腐剂(加重肝脏负担)。所以,还是吃新鲜的好!

冷冻甜品类食品: 冰淇淋、冰棒和各种雪糕对宝宝来说诱惑太大,但含奶油及糖量过高,更含有反式脂肪酸,既影响正餐,又极易引起肥胖。

6 经典转奶餐

水果蛋奶羹

将玉米粉放入小锅内,加半个蛋黄搅匀;将2大匙配方奶倒入锅内,边倒边搅,小火熬至黏稠状;将去皮煮熟的橘子瓣捣烂,加入蛋奶中。

小贴士: 此羹含有宝宝成长发育需要的优质蛋白质、脂肪、钙、磷、铁、锌及多种维生素,且色泽美观,软嫩鲜美,营养全面。

三文鱼芋头三明治

三文鱼洗净,蒸熟,捣碎;西红柿洗净,切片。芋头上锅蒸熟,去皮后捣成泥,加入三文鱼泥,搅拌均匀。面包对角切,将三文鱼芋泥涂抹在吐司面包上,加入西红柿片,盖上另一半吐司面包,对半切即可。

小贴士: 三文鱼含有丰富的蛋白质、维生素及多种矿物质,可促进血液循环,提高免疫力。

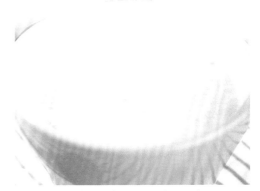

水果蛋奶羹里面有蛋、奶、水果、蔬菜,营养全面丰富。

食物形式多样化,宝宝吃得更开心。

日常养护

"夜猫子" 宝宝

1 白天宜多游戏、少睡眠

上午和下午要多和宝宝玩玩，比如，可以带他去散步，也可以做游戏，或者让宝宝干自己喜欢的各种事情。这样，玩累了的宝宝会在中午睡个小觉，但其他时间应该是清醒的。若午觉睡得过长，要及时叫醒他。

2 晚上宜早睡

宝宝宜早睡，早睡有利于长个，因为晚上分泌的生长激素较多。

让宝宝吃了晚饭后再洗澡，然后妈妈带着宝宝在床上播放他喜欢的儿歌或音乐，让宝宝在安静温馨的环境中早早休息。

如果宝宝睡不着，妈妈可以轻轻抚摸着他，或轻轻握住他的一只手，也可以和着音乐轻轻哼唱。有妈妈陪在身边，宝宝会很有安全感。

如果宝宝还是很想玩，不妨留一盏小灯，让宝宝一个人在床上玩，妈妈则假装睡觉，这样宝宝玩了一会儿觉得没有意思，自然就会睡觉了。

睡觉时播放的儿歌或音乐最好只用来作催眠曲，只有这样，宝宝才知道妈妈放这个音乐代表他要睡觉了；带宝宝睡觉也最好只有妈妈和宝宝两个人，人多了会让宝宝兴奋。

3 卧室空气宜新鲜

夏季应开门窗通风，但应避免宝宝睡在直接吹风的地方；冬季也应根据天气情况，定时开窗换气。新鲜的空气会使宝宝入睡快，睡得香。父母禁止在室内吸烟，以免污染空气，造成宝宝被动吸烟。

4 室温以 18~25℃为宜

宝宝卧室的室温应以 18~25℃为宜，过冷或过热都会影响宝宝的睡眠。

5 卧室要有睡觉气氛

卧室要有睡觉气氛，拉上窗帘，灯光要暗一些，调低收音机、电视机的音量，室内保持安静无噪声。被、褥、枕要干净、舒适，应与季节相符。

6 睡前不宜剧烈运动

睡前禁止宝宝做剧烈活动，以免引起宝宝过度兴奋，难以入睡。让宝宝单独睡在小床上。

不要在睡觉前批评、斥责宝宝，以免影响宝宝的情绪，导致无法入睡或睡不安稳。

每天晚上睡觉前，找一本宝宝喜爱的图画书，爸爸和宝宝一起念。

7 小马桶宜放在厕所

为宝宝选择合适的小马桶。马桶最好放在厕所里，不要放在玩耍、起居场所，这样有利于宝宝树立正确的如厕观念。

8 不要总问宝宝"要不要上厕所"

细心观察，掌握宝宝尿尿的规律，不要总是问宝宝"要不要上厕所"，而应该让他自己掌握大小便的时间，这才是如厕训练的本意。

9 如厕后，要及时称赞宝宝

宝宝成功如厕后，妈妈要及时称赞。这种称赞要有针对性，如，"宝宝知道自己尿尿了，真棒！"如此才可以强化宝宝头脑中的印象，下次会更加自觉地去做。

当然，宝宝在5岁前，无论白天还是夜里，都偶尔会尿裤子或尿床，这与智力没有什么关系。如果5岁后还经常出现这种情况，应带宝宝及时到医院就诊。

10 如厕后应洗手

应该使用柔韧性好、吸水性强的儿童专用手纸。让宝宝记住，每次便后都应该洗手。注意宝宝洗手质量，让他边洗手边从1数到10，以保证洗手时间。准备专用毛巾，放置在明显位置，让宝宝随时自己擦手。

11 吃药和打针，哪个更好

打针还是吃药，应根据宝宝的病情以及药物的性质、作用来决定。一般原则是能服用口服药尽量服用口服药，不能口服或病情严重时才打针、输液。

有些疾病，口服药的效果要比打针好，如肠炎、痢疾等消化道疾病。药物通过口服进入胃肠道，能较快生效并且保持有效的浓度，从而达到很好的治疗效果。妈妈可千万不能病急乱投医，应尊重医生的诊断，根据疾病和药物的性质来决定给药的途径。

首先将手心、手背、手指、指甲缝、关节部位等都沾满洗手液，然后搓一搓，最后冲洗干净。

习惯培养　好习惯，应抓住第一次

1 应抓住第一次行为

为了培养独立入睡的好习惯，父母应该在宝宝独睡的第一晚，不拍不摇，不唱催眠曲，不恫吓宝宝。

为了培养宝宝良好的进食习惯，父母在宝宝 1 岁时就训练让他自己进食，把碗里的饭吃干净，吃各种食物，养成不挑食的习惯。

为了培养清洁卫生的习惯，家长应经常给宝宝洗澡，锻炼宝宝自己洗手、洗手帕，养成饭前便后洗手、不随地吐痰、不随地大小便的习惯。

所有这些良好习惯的培养都应从第一次开始，因为有了第一次，就有可能有第二次、第三次……日久便成习惯。

2 睡觉宜忌

按时睡觉。经常按一定时间睡觉，宝宝到了这个时间就会很容易自动入睡。

晚餐不要吃得太饱，睡前不吃零食，也不要饮水过多，以免过饱和夜尿多影响睡眠。

养成睡觉前洗脸、洗手、漱口或刷牙、洗脚、洗屁股的习惯，再换上松软、宽大的睡衣。

要让宝宝在床上自然入睡，不应使用摇、拍、抱、命令、吓唬等办法。

预防和纠正不良的睡眠习惯，如吃手、咬被角、玩手绢等。

要保持正确的睡眠姿势，侧卧最好。

为宝宝选择一张合适的儿童床，最好是带护栏的，不要用很厚的席梦思床垫。

3 培养宝宝诚实的性格

给宝宝树立诚实的榜样。幼儿模仿性强，父母平时的言行对宝宝诚实性格的形成至关重要。

正确对待宝宝的过错。宝宝做错事是很自然的，家长要态度温和地鼓励宝宝说出事情的真相，承认错误，帮助宝宝找出做错的原因，鼓励宝宝改正错误。

满足宝宝的合理要求与愿望。对宝宝提出的合理要求，父母要尽量满足，如一时无法满足，也要向宝宝说明原因。相反，如一味拒绝或迁就，容易造成宝宝说谎和背着家长干坏事的习惯。

一般在 18 个月后，宝宝就可以独立吃饭了。不过吃得还不利索，父母要鼓励宝宝继续努力。

智能训练

接龙，跑步，说字

1 接龙

用积木接龙，父母先示范，然后让宝宝自己接。同样也可接火车，接好后，对宝宝予以鼓励和赞扬。

父母和宝宝在地上玩多种动作游戏，如与宝宝玩球、踢球等，这样可锻炼宝宝在独立行走中自如地做各种动作。可让宝宝学推小车玩，教他推车前进、转弯等，还可练习侧身走，后退走，父母在一旁保护，并不断表扬他走得好棒。

父母给宝宝一个常玩的球，教他举手过肩用力将球抛出，反复练习，直至能向前方抛球，以锻炼宝宝平衡和动作协调能力。

2 跑步

父母拉着宝宝一只手教他慢跑步，可与宝宝同跑，让他模仿，逐渐放手，站在宝宝前面拍手叫他自己跑过来，再让宝宝学会跑步连接双足跳下一级台阶的动作。父母可以用双手牵着宝宝从最后一级台阶跳下，再让宝宝渐渐学会单手牵着跳下台阶。

3 用手指将小球投入盘内

父母先示范用拇指和食指拿稳小球，拿到盘上方时说"放开"，让小球落入盘内。宝宝拿球时，父母也告诉宝宝拿到盘上方时"放开"。当宝宝放入第一个球时，父母点头表示赞许，宝宝会继续将

桌上 4~5 个球准确地放入盘内。这是手—眼—脑协调不可忽视的训练，应多花时间引导宝宝做此游戏。

4 指(说)名字

教宝宝学说家庭成员的名字，先教他一个人的名字，反复练习，会说后再教第二个人的名字，接着鼓励宝宝区别这些名字。

如"宝宝把糖拿给 ××" "把球送给×××"等。他做对了，要亲吻他、抱抱他、夸奖他。

5 说儿歌押韵最后一个字

宝宝一面随儿歌做动作时，一面跟着说押韵的一个字。接下来，父母在念儿歌时故意空出最后一个字，让宝宝补上。

选择一些宽阔、幽静的户外环境，宝宝会很兴奋地跑来跑去。

情商培养

会分享，懂礼节

1 与同伴玩

为宝宝提供与同伴一起玩的机会，比如到邻居小朋友家串门，再安排需要两人合作的游戏让他们玩，如盖房子、拍手、拉大锯等，训练宝宝和其他小伙伴一起玩。

2 分享食物和玩具

经常讲小动物分享物品的故事给宝宝听，让他知道食物应大家分享。在宝宝情绪好的时候，给他两块糖，告诉他拿一块给小朋友，另一块留给自己。这样能培养宝宝的社交能力，让宝宝学会分享。

3 宝宝要懂的礼节

宝宝的天性是淘气，你不要要求这个阶段的宝宝像个小大人一样，事事都做得理想，只要他懂得基本的礼貌就可以了。这样能培养宝宝的社交能力。

叔叔阿姨给他零食吃，要让他知道说"谢谢"。

打了小朋友，要让他道歉说"对不起"，并且把玩具分给小朋友作为安慰。

和小朋友分手要说"再见"。

见了新朋友要说"你好"。

和小朋友一起分享美食。

小朋友在哭泣的时候，教宝宝拿自己的食物或玩具去哄他。

4 "独立"的宝宝

此时的宝宝还正处于逆反期，独立意识更强，什么事情都要自己来，趁此机会你正好可以培养他独立生活的能力。但是此时他也开始变得小气，什么东西都舍不得给别人，要自己一个人享用，当然，这也是人类生长规律的作用。

5 用平等的口气和宝宝说话

谁都不愿意被命令，包括独立意识正在形成的宝宝，你要注意对他说话的口气和方式，要认真听宝宝讲话，让他知道你很尊重他；也尽量不用命令的口气让他干这干那；不能当众责骂宝宝，谁都有自尊心，包括这个正在长大的小小人。

以平等的态度对待宝宝并不是娇惯，受到父母充分尊重的宝宝，大多与父母非常合作，待人友善，懂礼貌，举止大方，自我独立意识强，而这些正是每个父母所期望的。

思维游戏

走一走，找一找，比一比

1 语言表达能力——我们走路回家

游戏前的准备：父母和宝宝散步。

这样玩

① 傍晚，当爸爸妈妈和宝宝散步时，爸爸可以告诉宝宝："哇，好可爱的喜鹊呀！"然后妈妈问宝宝："喜鹊该回家了，它该怎么回家呢？"然后爸爸引导宝宝回答："飞回家。"

② 妈妈接着问宝宝："宝宝，你怎么回家呢？"爸爸教宝宝回答："走路。"

益处多多：研究表明，语言发展的两个重要条件是先天发育正常的大脑和适宜的语言环境。在生活中，爸爸妈妈要积极地为宝宝创造这种语言环境。

温馨小贴士：散步时，看到各种东西都可以告诉宝宝那是什么。

2 数字演算能力——哪个长

游戏前的准备：找三种长短不同的东西，如撑衣杆、筷子、铅笔等。

这样玩

① 妈妈先让宝宝触摸一下那三种不同的东西。

② 妈妈按照长短排列，然后让宝宝找出哪个最长、哪个最短。

③ 当比较筷子和铅笔时，妈妈可以协助宝宝来判断哪个长一些，哪个短一些。

益处多多：在这个游戏中，利用实际的观察及测量，可以帮助宝宝建立长短的概念，初步了解测量的意义。通过这种比较练习，还能促进宝宝左脑的对比能力、分析能力、判断能力的发展。

温馨小贴士：妈妈在引导宝宝比较物体的长短时，可以由最长的找起，多提问题，以协助宝宝发现，也不要急着告诉宝宝答案。

经常带宝宝出去散步，认识外面的世界，对宝宝的成长很有好处。

3 逻辑推理能力——两个好朋友

游戏前的准备: 彩色纸、画笔、剪刀、硬纸板。

这样玩

① 在彩色纸上画好一个图案后，把它贴在硬纸板上，然后把硬纸对半剪开。先放两组简单的图案，可以是一只大象和一个苹果的图案。

② 卡片打乱顺序后，妈妈拿出一张画有大象的卡片，对宝宝说:"宝宝找找看，大象的另一半在哪里，让它们手拉手站在一起好吗？" 鼓励在两组卡片中找出一对可以配对的图案。

③ 游戏进行的过程中，妈妈可先拿出一张卡片，提示宝宝如何找到另一半。逐渐地，让宝宝自己选择要找的目标。如此反复，可增加配对的组数和难度。

益处多多: 宝宝能够分析和解决相对复杂的问题了，配对游戏就是提高宝宝这种能力的好方法。

温馨小贴士: 在游戏中，妈妈要用手拿着纸的一半，让宝宝找到另一半在哪里，并做拼接动作。这样能增强宝宝动作的准确性，对开发宝宝的左脑也是很有好处的。

4 常识能力——我的小手真漂亮

游戏前的准备: 妈妈和宝宝一起洗干净双手。

这样玩

① 妈妈与宝宝面对面坐好。让宝宝的每一个手指都来做游戏。

② 妈妈伸出左手，用右手食指点认左手各个手指。

③ 然后，妈妈摊开宝宝的小手，一个一个点宝宝的手指头，教宝宝认识各个手指。

益处多多: 儿童的智慧集中在手指，因为手部可以做很多精细动作，运动宝宝的左右手，就可以开发左右脑。

温馨小贴士: 教宝宝正确认识自己身体各部位的名称，有助于发展宝宝的自我意识，丰富宝宝的触觉刺激。

当宝宝用手指点妈妈的掌心时，告诉宝宝:"这是掌心。"这样不仅能认识双手，还能丰富宝宝的触觉。

第 12 章

* 玩过家家。

育儿
要点

* 理解对应关系、所属关系。

* 学习大小、多少、高矮概念。

* 能背儿歌或诗歌数首,看图讲故事。

* 预防外伤,父母要学会意外急救方法。

* 养成良好的进餐习惯,控制零食,预防偏食、挑食。

* 练习奔跑、跳跃、抛接球、拍大皮球,促进大运动协调发展。

19~21个月
像大人一样吃饭

身体发育·男宝宝

第 21 个月时的体重 _____ 千克（正常范围 12.34±1.65 千克）

第 21 个月时的身长 _____ 厘米（正常范围 84.6±2.9 厘米）

第 21 个月时的头围 _____ 厘米（正常范围 47.8±1.4 厘米）

身体发育·女宝宝

第 21 个月时的体重 _____ 千克（正常范围 11.88±1.66 千克）

第 21 个月时的身长 _____ 厘米（正常范围 84.0±2.4 厘米）

第 21 个月时的头围 _____ 厘米（正常范围 47.7±1.6 厘米）

生长发育特征 # 好奇宝宝，爱问问题

1 语言进入突发期

大多数宝宝在 1 岁左右都能说出单字了，到了 1 岁半以后，就会说整句子，或用两个词重复地讲。把眼前的事情用语言表达出来，这表明宝宝已经进入语言发展的突发期。心理因素对语言发展起着重要作用，父母可在宝宝玩玩具或心情好的时候，诱导他多说话。

2 经常提问

宝宝会说话之后，在同父母的接触中，有时会表现出惊人的记忆力和逻辑性。他对周围的事物总是很感兴趣，总想问个"水落石出"，表现出强烈的求知欲。

宝宝每看到一种东西，遇到一件事情，往往会对父母提出一连串的问题，这是他肯动脑筋、积极向上、勇于求知的良好表现。无论宝宝提问多么简单、多么可笑、多么难回答，父母都应该鼓励他提问。

3 爱说"不"

这个年龄段的宝宝心理逐渐成熟，产生了强烈要摆脱父母的独立倾向，他经常说的一个字就是"不"。宝宝说"不"，这意味着他已经更多地了解了世界，并对其周围世界又有了新的不同的看法，他要试试自己能做什么，不能做什么。

4 思考能力变强

此阶段，宝宝更能意识到自己是谁，自己在哪儿，自己能做什么，不能做什么。意识的快速增长得益于思考和推理能力的增强，也就是认知能力的发展。到 18 个月左右，宝宝的运动能力、语言能力和思维能力都飞速发展。宝宝跑得更快，说得更清楚，思考更敏捷。这个阶段主要是进步，是宝宝思维能力的发展，正是这种能力使得以上几种能力发展得更好。

不管宝宝问什么奇怪的问题，妈妈都要耐心解答。

妈妈早教 10 分钟

加强体育锻炼，宝宝长得高

适当的运动，可以促进生长激素分泌，加速全身的血液循环，促进新陈代谢，使骨骼得到充足的营养而生长旺盛，个子自然就会长高了。但注意此阶段的宝宝尽量不做负重运动。

喂养指导

合理进食

1 要多吃含钙丰富的食物

奶类是含钙丰富的食品，每 100 毫升牛奶含钙高达 100 毫克以上，而且奶类所含的钙容易被人体吸收。

绿叶蔬菜含钙量较高，如油菜、雪里蕻、空心菜等。给宝宝食用绿叶菜时，最好在洗净后用开水焯一下，这样可以去掉大部分草酸，有利于钙的吸收。

海产品、豆类及豆制品含钙也比较丰富，每 100 克黄豆中含钙 360 毫克，每 100 克豆皮中含钙 284 毫克。此外，芝麻酱含钙也较多。

2 春季宜补钙

春季宝宝对钙的需求量增大，父母要及时给宝宝添加含钙丰富的食品。因为入冬后宝宝很少直接接触日光，维生素 D 易缺乏。

春季晒太阳时，日光中的紫外线能大大促进宝宝体内维生素 D 的合成，促进骨骼加速钙化，但血钙大量沉积于骨骼，会使血钙下降。此时如果宝宝从食物中摄取的钙源不足或不能及时补允钙质，易导致低钙惊厥。

3 每天宜饮用 400 毫升配方奶

这个阶段，宝宝已经完成由液体向幼儿固体食物的过渡，为了保证钙的吸收，每天最好饮用 400 毫升的配方奶，同时多吃含钙高的食品，每天保证一定时间的日照。

4 宝宝吃零食每日不超过 2 次

选择那些能补偿主食中所缺营养物质的零食。

最多每日不超过 2 次，正餐前半小时至一小时不让宝宝吃零食。

睡前忌吃零食，保持口腔卫生。

尽量不让宝宝吃烟熏、火烤、油炸类的零食。

在宝宝喝奶的同时，记得让宝宝晒晒太阳，可促进钙的吸收。

5 父母不宜过分为宝宝选食物

有些父母爱挑选那些他们认为最好的最有营养的食品给宝宝吃，这种挑挑拣拣的做法会给宝宝留下深刻的印象，宝宝自然就会趋向于那些所谓好的食品，而对所谓不好吃的就少吃，最后导致偏食，进而引发营养不良。

6 让宝宝远离食品污染

首要的是对宝宝的食物巧加选择，购买米、面、豆类、芹菜、葱、蒜、韭菜、土豆、萝卜、红薯等食品时，选择那些无农药污染、无霉变、新鲜干净的。

买回家的蔬菜也要用淡盐水浸泡后再用清水冲洗干净。根茎类蔬菜和水果，一律要削皮后再烹调或食用。

7 宝宝用餐要慢

这个阶段的宝宝每天所需的营养比以前略有增加，总热量可以达到1350千卡左右。普遍已经能够独立进餐，但会有边吃边玩的现象，父母要有耐心，让宝宝慢慢用餐，以保证宝宝真正吃饱，避免进食不当导致的营养不良。

8 宝宝吃饭应该谁说了算

专家认为，吃多少、何时吃，宝宝说了算；吃什么，家长说了算。饥饿时，吃进的东西才能达到消化、吸收的最佳效果。而什么时候饥饿只有宝宝自己清楚。对于吃什么，就要由家长来把关了，不能让宝宝总吃喜欢的食物，丰富的蛋白质、钙和维生素C、维生素E等是宝宝生长发育的必需营养。

9 要留意食品袋里的危险

很多儿童食品包装中夹带着小玩具，但其中有些采用的是对人体有害的普通塑料，这些小玩具如果不慎被宝宝吞食下去，会发生很危险的后果，父母在选购时一定要慎重。

此阶段，宝宝活动范围变大，父母一定要将各种药物放在宝宝够不到的地方，以免误食。

日常养护　# 养宠与驱蚊注意事项

1 宝宝别跟宠物太亲密

宝宝逗玩宠物会引起许多疾病，对宝宝健康有害。

寄生菌： 宠物身上常常寄生真菌，当宝宝的表皮有损伤时可能会长癣。

寄生虫： 宠物消化道中可能感染寄生虫，最多的可达 10 种，这些寄生虫都可能危害到宝宝。

跳蚤： 有的宠物身上有跳蚤，当它咬人吸血时，可将鼠疫或斑疹伤寒等病原体传入人体，使宝宝得病。

宠物的爪子： 当宝宝被宠物抓伤或咬伤后，可引起全身性感染。

2 家中养有宠物该如何照料宝宝

不要与宠物共用餐具，也不要与宠物亲吻、同床共枕，以防宠物的唾液污染衣物，与宠物接触后要洗手。

注意做好宠物的日常卫生工作，及时给宠物洗澡，清理粪便。

定期给宠物注射疫苗。宝宝万一被宠物咬伤，应立即送医院处理伤口。

如果被病犬咬伤，应尽快（咬伤后 2 小时内）到当地防疫部门注射狂犬病疫苗。

3 赶走蚊子有高招

用八角、茴香洗澡： 将八角、茴香各 2 枚，泡于温水脸盆中，洗后身上淡淡的香味就如同加上了一道无形的防护罩一样，蚊子再不敢近身。

风油精驱蚊： 在卧室内放几盒揭开盖的清凉油或风油精。一段时间后清凉油表层会有污垢，要及时刮掉，以免减弱效力。

安装橘红色灯泡： 室内安装橘红色灯泡，由于蚊子害怕橘红色的光线，所以能产生很好的驱蚊效果。如果没有橘红色灯泡，也可用透光性强的橘红玻璃纸套在 60 瓦的灯泡上，蚊子会四处逃散。

涂抹薄荷： 取几片薄荷、紫苏或西红柿的叶子，揉出汁涂抹于裸露的皮肤上，但要注意远离宝宝嘴部。

宝宝的皮肤很娇嫩，风油精最好不要直接抹在宝宝的皮肤上。

习惯培养

坐便盆排便，纠正任性

1 培养宝宝定时大小便的习惯

只要父母注意培养宝宝定时大小便的习惯，到了 1~2 岁时，宝宝坐便盆排便就不成问题。

宝宝会走以后可不用尿布，2 岁左右就无须穿开裆裤了。大小便时通过语言作为条件刺激，训练宝宝主动坐盆。每天清晨或晚间培养坐盆解大便的习惯，形成条件反射，避免便秘发生。

2 训练宝宝夜间不尿或少尿

临睡前尽量不喂水或奶，让宝宝解小便。掌握好宝宝晚间小便的规律，一定让宝宝在清醒状态下小便。逐渐延长小便间隔时间，减少次数。

3 自己坐便盆，定时大小便

1 岁以后可训练坐盆，每天固定时间，督促宝宝小便，并训练逐渐推迟排尿时间。当出现尿意时，能主动控制暂时不尿，开始可推迟 1~2 分钟，以后逐渐延长。

4 纠正宝宝任性的毛病

宝宝的性格固然与先天因素有关，但更主要的是取决于后天家长的教育。关心适度，引导正确，宝宝就会形成健全的性格。相反，溺爱、迁就，有求必应，宝宝就会养成任性的不良习惯。

对宝宝的要求要分清是否合理，如果合理应尽量满足，如果不合理，则要通过教育使其放弃。久而久之，宝宝就会明白什么是应该做的，什么是不应该做的。对不应该做的事情，家长应讲明道理，使宝宝明白为什么不应该做。长期坚持，宝宝就会学会等待，学会忍耐。千万不要一见宝宝发脾气就慌了神，处处宠着宝宝，这样宝宝是不会珍惜父母之爱的。

5 培养宝宝的自我约束能力

父母应培养宝宝初步的自我约束能力。有意识地给宝宝一定条件的约束，诸如饭前洗手，玩具玩后放回原处，等家人到齐后一起进餐。客人送来的礼物，待客人走后才可以打开品尝或欣赏等。不能随便应允宝宝提出的一切要求。

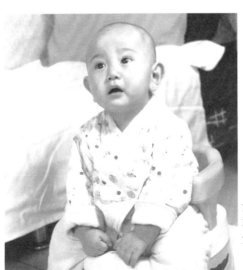

如果宝宝乖乖地使用便盆，就要给他鼓励，让他养成自觉使用便盆的好习惯。

6 要正确惩罚

对于没有受到惩罚的宝宝来说，第一次惩罚肯定是有效的。但是，惩罚的次数多了，效果就会明显降低。

相同的惩罚方式，对不同宝宝的效果不一定相同。你一旦决定对宝宝实施惩罚，必须选择有效的惩罚物。你在实践惩罚原理时必须注意以下原则：

①宝宝做了错事之后立即实施惩罚。

②要惩罚什么必须明确具体。

③惩罚物要合理选择。

④惩罚原理应尽可能与其他教育原理一起实施，以达到更好的教育效果。

7 1 岁半到 2 岁宝宝的生活制度

认真执行合理的生活制度，是保证宝宝精力充沛、食欲旺盛、情绪愉快、身心健康的重要前提。

1 岁半到 2 岁的宝宝睡眠时间要求在 12~13 个小时，其中夜间睡眠 1 次，时间为 10~10.5 个小时；白天睡眠 1 次，时间为 2~2.5 个小时。一日饮食 4 次，每次间隔 4 个小时。全日活动时间为 4~5 个小时，其中户外活动 3 个小时以上。

妈妈早教 10 分钟

从容应对宝宝的 "人生第一反抗期"

宝宝越大越不听话了，他总是试图摆脱父母的帮助，不如意时会哭闹不止、乱摔玩具。父母如果干预，只会让情况更糟。这意味着宝宝的自我意识开始形成，心理学家称之为 "人生第一反抗期"。

"第一反抗期" 是所有宝宝都会经历的一个心理成长的过程，现在父母要做的，不是宝宝不听话就 "发火"，而应该宽容、理智地帮助宝宝顺利地度过这一时期。

一日生活安排示范	
6:30~7:30	起床、大小便、洗手、洗脸
7:30~8:00	早餐
8:00~9:00	户外活动
9:00~11:10	喝水、小便、室内综合游戏
11:10~11:30	饭前洗手、安静活动
11:30~12:00	午餐
12:00~12:15	饭后散步
12:15~14:30	午睡
14:30~15:30	起床、小便、洗手、午点
15:30~16:00	室内活动
16:00~18:00	喝水、户外活动
18:00~18:10	洗手、准备吃晚餐
18:00~18:40	晚餐
18:40~19:00	室内活动或户外散步
19:00~20:00	洗漱、小便、喝奶、上床
20:00~ 次日6:30	睡眠

智能训练

动一动，猜一猜

1 走"平衡木"
不要扶手，把长方形的 8 块砖放平，铺上 15 厘米宽的木板做成平衡木，让宝宝在上面行走。刚开始父母可扶手保护，让宝宝反复练习至行走自如。

2 做"模拟操"
让宝宝在唱儿歌的基础上，配合手臂及双腿动作，如儿歌"早晨空气真正好，宝宝练习跳一跳"。唱第一句时，宝宝两臂上举左右摆动两次，唱第二句时，宝宝两手叉腰双脚原地跳两次，训练边唱边跳。

3 倒米和倒水
用两只小塑料碗，其中一只放 1/3 碗大米或黄豆，让宝宝从一个碗倒进另一个碗内，练习至完全不撒出来为止。再学习用两个碗倒水。

4 猜声音
让宝宝听周围会发出声音的东西，如窗外的鸟、路上的汽车、家里的小动物或门铃、电话。听到这些声音时，问宝宝是什么东西发出的声音，答不出来就直接让宝宝边看边听，并一一告诉他。父母讲话的声音、走路的声音也可让宝宝辨识。

5 记住家人的称谓
教宝宝记住家人的称谓，会说爸爸、妈妈。可以将家人的称谓写成 12 厘米见方的字卡，进行认名游戏，认对了，给予鼓励。在宝宝面前用"你"来提问，用"我"来回答问题，如"这是你的鞋吗"，他可用"我的鞋"或"这是 ×× 的鞋"来回答。

6 绘画
教宝宝画横线、竖线，在此基础上再教他画圆圈。妈妈握住宝宝的手，在纸上做环形运动，宝宝自己动手画，开始只会画出螺旋形的曲线，反复练习，逐渐学会把曲线封口，形成圆圈。

7 认识性别
结合家庭成员教宝宝认识性别，如"妈妈是女的，你也是女的"，逐渐让宝宝能回答"我是女孩"。也可以用故事书中图上的人物问他"谁是哥哥"，让宝宝辨认性别。

如果宝宝不会用画笔，也可以让他用自己的手指蘸颜料直接涂。

情商培养

交朋友，辨是非

1 不要限制他与小朋友的交往

交往是宝宝的一种发展性需要，他特别喜欢与邻里的小朋友玩，但这么大的宝宝在一起，争玩具、推一下、碰一下在所难免。你不要因为怕宝宝受到伤害，而不带他跟小朋友去玩，这样宝宝未完成社交体验，对环境的适应能力得不到提高，会使他以后独自进入社会、面对竞争时感到手足无措。

2 自己的事情自己做

这个阶段的宝宝特别希望自己的事情自己做，你可以因势利导地教他一些生活自理能力。

3 体会成功

在宝宝好不容易完成洗脸或者扫地等事情后，你可以适时地表扬一下"你真能干，可以帮妈妈干活了""你真棒"等，让他获得成功的喜悦，对自己的能力充满信心，这也可以进一步鼓励他喜爱劳动。

4 广交朋友

鼓励宝宝与小朋友交往。选择小朋友团结友爱的童话故事讲给他听，告诉他不打人、不咬人、不哭闹是好宝宝，让他知道和小朋友一起玩时，友好相处才是好宝宝。

5 文明用语

父母与宝宝对话，或与他人交往中，应注意文明用语，如"您好""谢谢""晚安""再见""您请"等。宝宝在潜移默化中也就自然而然地学会了礼貌待人的品德和相关用语。

6 交往

继续培养宝宝的交往能力，提供跟同龄宝宝一起玩的机会，为宝宝准备活动场所和玩具，如沙坑、积木、捏面团、水盆等，让他和几个小伙伴一起玩。和伙伴玩时，玩具数量要充足，以免发生争抢。

7 判断是与非

在宝宝与他人交往中，继续教他是非观念。如他出现打人、咬人的行为时，父母要用语言、手势、眼神批评他，帮助宝宝增强控制力，且终止这种行为。对宝宝不良行为的制止要及时，态度要坚决，但不要打骂，更不能庇护、娇纵。

多准备点玩具，邀请别的宝宝一起来玩。

看物，识物，学物

1 逻辑推理能力——我知道

游戏前的准备：幼儿识物图片和字卡若干张，内容包括：宝宝鞋、图画书、眼镜、摇篮、奶瓶、手表、电脑、报纸、裙子、手提包、领带等。

这样玩

① 妈妈出示图片，让宝宝说说这些东西是什么，哪些东西是宝宝用的，哪些是爸爸、妈妈用的。教宝宝识认相应的字卡。

② 妈妈拿出一张宝宝较熟悉的物品的图片，让宝宝找出相应的字卡。

> 宝宝发字卡，
>
> 图片发大家。
>
> "领带"给爸爸，
>
> "裙子"给妈妈。
>
> 宝宝要点啥？
>
> 糖果一大把。

益处多多：宝宝1岁以后记忆力有了很大发展，能记住生活中的一些事情。这个游戏可以帮助宝宝调动自己的记忆储存，从而做出推理。观察能力是社会性思维的基础，善于观察、善于归纳的能力有助于提高宝宝的学习能力和生活能力。

温馨小贴士：当宝宝不能顺利把图片与字卡对应上时，妈妈不要急躁，以免挫伤宝宝的积极性。

2 语言表达能力——公鸡喔喔叫

游戏前的准备：公鸡毛绒玩具，大公鸡图片或画册。

这样玩

妈妈拿出大公鸡的图片，告诉宝宝："这是大公鸡，它有红红的鸡冠，美丽的羽毛，多漂亮啊。它怎么叫呢？"引导宝宝学公鸡叫："喔喔喔。"

> 公鸡打鸣，喔喔喔。
>
> 母鸡下蛋，咯咯咯。

益处多多：这个时期是宝宝理解语言和对语言产生兴趣的关键时期，丰富的游戏内容可以锻炼宝宝听和说的能力，充分开发左脑的语言表达和语言理解能力。

温馨小贴士：妈妈还可以拿一些其他动物的图片或玩具来学动物的叫声，让宝宝对语言产生兴趣。

3 数字演算能力——小白兔采蘑菇

游戏前的准备：带上两个小筐和宝宝到花园或草地上做采蘑菇的游戏。

这样玩

① 妈妈告诉宝宝小白兔的外形特点和爱吃的食物后，对宝宝说："今天我们做小白兔采蘑菇的游戏，宝宝当小白兔，妈妈当兔妈妈，看谁采的蘑菇多。"

边播放录音，边看卡片。妈妈可以先做示范动物的叫声，再让宝宝跟着学。

② 地上的一片树叶、一个石子、一根树枝都可以当成"小蘑菇"，让宝宝捡到小筐里。然后和宝宝一起数一数，比一比谁采的"蘑菇"多。

小白兔，白又白，

两只耳朵竖起来，

爱吃萝卜和青菜，

蹦蹦跳跳真可爱。

益处多多：开展户外游戏，可以提高宝宝大运动能力，会使宝宝的转弯、蹲下、站起等动作更熟练，不仅增加了对宝宝触觉的刺激，还丰富了宝宝的认知能力，更增加了宝宝亲近自然、热爱自然的天性，而这种亲近自然的训练也可以促进右脑的发育。

温馨小贴士："兔妈妈"还可以和"小白兔"玩蹦跳游戏，这样可以锻炼"小白兔"的四肢灵活能力。

4 听觉记忆能力——那是谁的叫声

游戏前的准备：一段录有动物叫声的录音，一些动物图片。

这样玩

① 妈妈与宝宝面对面坐好，妈妈放录音，让宝宝仔细听并辨别是什么动物的叫声："宝宝，这是什么动物的叫声？请你把它的图片找出来。"

② 宝宝找到了相应的动物图片，就示意他举起来，并模仿这种动物的叫声。

益处多多：听声音的游戏可以训练宝宝的听觉，学习分辨动物及日常生活中的不同声音，激发宝宝对声音的兴趣，提高宝宝听觉记忆力。

温馨小贴士：如果宝宝模仿了动物叫声，一定要夸奖他，这样能激发他的兴趣。

第 13 章

* 多吃蔬菜、水果、蛋、肉、鱼，少吃高脂肪、高糖食物，预防肥胖症。

* 会扑克牌分类接龙。

育儿
要点

* 会认一种以上的颜色。

* 看图讲故事，回答问题，并复述见闻。

* 增加跑、跳、攀登、投接球活动，会双足跳。

22~24个月
"玩"出新花样

身体发育·男宝宝

第 24 个月时的体重 _____ 千克（正常范围 13.09±1.40 千克）

第 24 个月时的身长 _____ 厘米（正常范围 87.2±2.6 厘米）

第 24 个月时的头围 _____ 厘米（正常范围 49.1±1.4 厘米）

身体发育·女宝宝

第 24 个月时的体重 _____ 千克（正常范围 12.65±1.26 千克）

第 24 个月时的身长 _____ 厘米（正常范围 86.0±1.4 厘米）

第 24 个月时的头围 _____ 厘米（正常范围 47.8±1.8 厘米）

生长发育特征 能跑，能说，爱交流

1 走得快，跑得稳
2 岁的宝宝，已经不是那个走路摇摇摆摆的"小鸭子"了，他不但走得很好，跑得也比较平稳，动作更加协调；有时，他还会试着跳一跳。

2 手很巧
握着笔，宝宝能模仿大人画出线条、圆圈等图形，还能玩一些简单的拼插玩具。宝宝搭积木的技巧也提高很多，拧瓶盖更是得心应手。

3 自己的事情自己做
多数宝宝都能自己上下楼梯、吃饭、喝水，而且不愿让大人帮忙。宝宝在模仿中成长得很快，但扣纽扣、穿衣服对他来说还是件不太容易的事。

4 叽叽喳喳说个不停
宝宝的口语词汇量已达到近千个，整天叽叽喳喳说个不停，能准确说出自己和爸爸妈妈的名字及自己的年龄、性别，也能用简单的句子和成人交流。

5 睡眠变少了
宝宝白天睡眠的次数逐渐减少为1 次，可根据作息制度，将宝宝白天的睡眠安排在午饭后，睡眠时间以 1.5~2 小时为宜。

6 喜欢交流
宝宝喜欢跟着比自己年龄稍大的宝宝跑来跑去，但还不敢主动交流；也喜欢把自己的游戏内容加入伙伴的游戏中，喜欢同伙伴交流分享。

7 宝宝的本领
你会发现，走路时，原本"没头没脑"乱闯的宝宝，开始学着观察路线和道路情况，他会小心翼翼地绕开石头或其他东西走路。

开始理解今天和明天、快和慢、远和近这些抽象的概念，也开始有了自己害怕的东西；他能从 1 数到 10，也会颇具想象力地把所有圆圆的东西都说成像太阳，弯弯的东西说成像月亮……他在模仿中快乐地成长。

如果宝宝喜欢光着脚丫在家里跑来跑去，父母一定要把地面清理干净。

喂养指导

合理安排饮食

1 少吃多餐

宝宝的胃容量有限，应少吃多餐，因此在三餐之外可加两次点心，但点心要少而精，与正餐的时间不要太近，正餐前 1 小时不吃任何零食，还应避免高热量高糖的食物。

2 水果不能代替蔬菜

水果果肉细腻，口味很吸引宝宝，可给他的身体补充维生素和水分，并易于消化吸收，但水果并不能代替蔬菜。

水果中矿物质和膳食纤维含量少，含糖量却较高，吃多了易使宝宝产生饱的感觉，影响正餐摄取营养。蔬菜的维生素和膳食纤维含量丰富，利于肠肌蠕动，不易引起便秘；蔬菜中的矿物质含量也较高，能够保证宝宝摄取生长发育必需的钙和铁。

蔬菜和水果各有各的用处，妈妈要积极培养宝宝爱吃蔬菜的良好饮食习惯，特别是要多食黄色、绿色的蔬菜。

3 动植物蛋白宜适量摄入

肉末、鱼丸、豆腐、鸡蛋羹都是宝宝容易消化的食物。1 岁半至 2 岁的宝宝，每天应吃肉类 40~50 克，豆制品 25~50 克，鸡蛋 1 个。

4 宜多吃蔬菜

补充维生素：白菜、油菜、菠菜、香菜、西红柿等富含维生素 C，鲜豌豆、西红柿、菜花、白菜和菠菜可提供维生素 K，新鲜菜叶中含有维生素 P，西红柿、茄子、菠菜、油菜、香菜、大葱、萝卜、黄瓜等含钾较多，芹菜、香菜、油菜等含铁较多。

促进其他营养的吸收：蔬菜除了本身的营养价值外，还能促进机体吸收蛋白质、碳水化合物和脂肪。

保护牙齿：当咀嚼蔬菜时，其内含的水分就可以稀释口腔里的糖质，使寄生在牙齿里的细菌不易生长繁殖，可保护牙齿。多纤维的蔬菜还能锻炼咀嚼肌及提高牙齿的坚固度。

叶菜、根茎类的蔬菜要搭配着给宝宝吃。

5 每天摄入主食 150 克

主食可以吃软米饭、粥、小馒头、小馄饨、小饺子、小包子等，吃得不太多也没有关系，每天的摄入量在 150 克左右即可。

6 适当吃点硬食

1 岁半左右的宝宝已经能够接受小块的食物了，为他提供的固体食物可以稍微硬些，因为硬食需要充分咀嚼，可以磨牙床，增加咀嚼能力，促进咀嚼肌的发育，使牙周膜更结实，还能促使牙弓与颌骨的发育。对语言发展很有益处，对面部肌肉及视觉发育也是很有必要的。

7 点心以水果为宜

吃点心对宝宝来说是一件愉快的事情。但点心糖分过多，会变成脂肪储存在体内，所以点心只应补充宝宝吃饭时没有摄足的热量。一个爱吃饭的宝宝，如果室外活动的机会比较少，其点心以水果为宜。

妈妈早教 10 分钟

菠菜焯烫后再吃

菠菜含有丰富的胡萝卜素、维生素 K，但菠菜中含有大量草酸，草酸会影响钙质吸收，因此食用时应先焯烫以去除草酸。

8 宝宝经典转奶餐

鸡肝面条

将 1 大碗高汤上火煮开，放入儿童面条煮开，再加盐、酱油煮两分钟；25 克鸡肝切碎成末，25 克小白菜切碎，待面条快熟时一起下锅，再淋入鸡蛋液，烧开即可。

营养盘点：鸡肝含有丰富的蛋白质、钙、磷、铁、锌、维生素 A 及 B 族维生素，常食既能保护宝宝的眼睛，还能预防宝宝缺铁性贫血。

虾皮碎菜包

用温水把 10 克虾皮洗净泡软切碎，加入打散炒熟的鸡蛋；50 克小白菜洗净略烫一下，切碎，与鸡蛋调成馅料；自发面粉和好，略饧一饧，包成小包子，上笼蒸熟即成。

营养盘点：虾皮含有丰富的钙、磷，小白菜经焯烫后可去除部分草酸和植酸，更有利于钙在肠道被吸收，1 岁半以上的宝宝一定会非常喜欢这种鲜香的小包子。

把包子包得小一点，让宝宝自己用手拿着吃。

日常养护

舒服的小床，睡得香

1 小床宜安全、漂亮

小床的边角最好采用圆弧收边，光滑，不能有木刺和金属钉头等危险物。

小床既要耐用，还要方便宝宝上下，即便从床上滚落，也不会受到严重伤害。

小床最好床头顶着墙，如果床顺墙摆放，床沿与墙壁间不应留缝隙。

原木是制造儿童床的最佳材料，涂漆要选用无铅、无毒、无刺激的漆料。

造型活泼、色彩艳丽，甚至有些像儿童玩具的睡床，将是宝宝的挚爱。

在色彩选择上最好以明亮、轻松、愉悦的蓝色、绿色、黄色和红色为主。

2 小床要实用

宝宝是不断成长的。如果你想选一张能够满足宝宝各个时期需要的儿童床，那么选择那种床头、尾板可折叠，能调节拉长的床不失为明智之举。此外，你还可以选择可自由组合的床和带有收纳功能的床。

3 不宜用海绵垫给宝宝铺床

儿童床以木板床和较硬的弹簧床为宜，铺上棉质的褥子做床垫即可。建议不要使用 5 厘米以上厚度的海绵垫，否则会因宝宝汗水、尿液累积在海绵垫内无法挥发，而导致生痱子、毒疮。在空气潮湿的地区，长期使用还有可能引发风湿性关节炎、风湿性心脏病。

4 过马路要拉住宝宝的手

宝宝天性好动，很容易挣脱父母的手，自己跑到马路的中央。父母必须时刻警惕宝宝的举动，不断教他交通安全知识。

5 不能让宝宝独自进厨房

绝对不能让宝宝独自进厨房。做饭时，特别要注意宝宝是否在厨房。

热锅、热水、油、调料要放在宝宝拿不到的地方。要防止宝宝站在父母脚旁边，以免把父母绊倒后热汤洒出来烫着宝宝，或热油飞溅到宝宝身上。

平时要把厨房门锁上，防止宝宝自己进去动刀、动碗。

各种清洗液都由化学物质制成，不能放在厨房地上，以防宝宝误食。

6 宝宝做噩梦不必过分紧张

看到宝宝从噩梦中醒来，或在睡眠中大哭大叫，你是不是很紧张？其实，宝宝做噩梦是非常平常的事，只要做噩梦的频率和严重程度不足以影响他的作息就行，爸爸妈妈可以试着帮助宝宝调节日常的一些生活习惯，从而改善睡眠质量。

7 避免和宝宝讨论噩梦

宝宝做噩梦，可能是因为看了恐怖片、父母吵架、亲人过世或睡前有过剧烈运动。此时，爸爸妈妈要提前想到宝宝做噩梦的可能，并在入睡前帮助宝宝转换心情，如给宝宝讲一个温馨美丽的故事、共同回忆一段美好的经历、听一曲和谐轻松的音乐等。

如果宝宝从梦中惊醒，爸爸妈妈不仅要安抚宝宝，还要避免和他讨论梦的内容，只是简单回忆心理压力的可能来源，从中也许会发现更多的生活问题呢。

8 保护宝宝的好奇心

要让宝宝容易理解： 根据宝宝对事物的理解程度，用形象浅显的科学道理给予直接明确的回答，尽量给宝宝一个满意的答案。尽量用具体、形象的事物来引导宝宝学习，这样能帮助宝宝尽快弄懂事物的真实含义，如配合玩具或实物来学习认图卡片。

对于回答不上的问题： 如果父母实在回答不上宝宝的提问，切不可显得不耐烦，或不回答，或简单搪塞几句，或用斥责的语言对待他，这样会打击宝宝的求知欲，扼杀宝宝的聪明智慧，挫伤宝宝提问的积极性。

父母应该和蔼地对他说明： 现在爸爸妈妈还无法回答，等我们弄懂这件事后再告诉你。这样做既保护了宝宝的好奇心，又能培养让宝宝学会认真回答别人提问的好品质。

多些亲子交流： 父母应该经常与宝宝交谈。一方面建立相互的感情，一方面多加引导，鼓励宝宝提问、思考，有利于宝宝智力的发展。

妈妈每天回到家后，再累都要尽量抽出半个小时来和宝宝一起做游戏。

习惯培养

讲卫生，爱劳动

1 培养随时注意仪表整洁的习惯

每天早晨起床后，宝宝必须洗手、洗脸、学习刷牙。

睡觉前养成洗手、洗脸、洗脚、洗屁股、刷牙的习惯。

定期为宝宝洗头、洗澡、理发、剪指甲，培养随时注意仪表整洁的习惯。

2 使用手帕

教宝宝用手帕擦汗、擦鼻涕、擦眼睛、擦嘴上的食物残渣、擦手、擦衣服上的污物等。从小培养宝宝在咳嗽、打喷嚏时用手帕捂住口鼻的好习惯，但要注意手帕必须每天清洗。

3 注意口腔卫生

每日三餐后及吃点心、水果、零食后，宝宝均应用温开水漱口。

4 要及时纠正不良习惯

父母如果发现宝宝有随地吐痰、随地大小便、挖鼻孔、抠耳朵等这些不良习惯，一定要及时纠正。当然，父母要以身作则，更有利于宝宝良好卫生习惯的养成。

同时父母要为宝宝创造和准备洗漱的环境和用品，每天坚持，从不间断，久而久之就能使宝宝养成好习惯。

5 调整生活习惯以防做噩梦

喝一杯热配方奶，刷牙、洗脸，换上睡衣，用特定的睡前"仪式"提醒宝宝该睡觉了。

选一件宝宝喜爱的玩具放在床头，让它陪伴宝宝入睡，例如柔软的毯子或玩具娃娃。关掉卧室的电灯，只留一盏小夜灯，待宝宝睡熟后再关闭。

讲一段温馨的床边故事，放一段睡前音乐，并在半小时后关掉音乐。

和宝宝互道晚安："爸爸晚安，妈妈晚安""宝宝晚安"。

6 培养宝宝爱劳动的习惯

多让宝宝从事一些力所能及的劳动，根据宝宝身体发育的情况安排简单的劳动，让宝宝逐步认识到劳动的价值与乐趣，懂得尊重家长和他人的劳动成果，避免宝宝养成无所事事的不良习惯。

用人物传记、历史故事中勤奋的例子启发、教育宝宝，让宝宝向勤奋者学习。

家长以身作则，给宝宝树立勤奋的榜样。

盆底有漂亮的图画，会让宝宝对洗手更有兴趣。

会玩，能说，好学

妈妈藏在一个容易找到的地方，让宝宝体验成就感。

1 玩沙土

让宝宝用玩具小铲将沙土装进小桶内，或者用小碗将沙土盛满倒扣过来做"馒头"。

宝宝玩的沙土要先过筛，将石头和杂物去掉，用水冲洗过；每次玩之前要用带喷头的水壶将沙土稍微浇湿，以免尘土飞扬；玩耍完毕用塑料布将沙土盖上。玩沙土是促进皮肤触觉统合能力发展的重要方法之一。

2 捉迷藏

与宝宝玩捉迷藏、找妈妈的游戏。在追逐玩耍中有意识地让宝宝练习跑和停，渐渐地让宝宝学会在停之前放慢速度，使自己站稳。游戏中逐渐使宝宝能放心地向前跑，不至于因速度快、头重脚轻而向前摔倒。

3 双语句

为了使宝宝能够较准确地使用一些词，要鼓励宝宝自己表述，能够多说一些有名词和动词的双语句，如"宝宝喝水""我要"等要求语，以及"我不要"等否定语，并教宝宝记住自己的名字。

4 说出姓名

教宝宝准确地说出自己的名字（包括姓），并使宝宝能够说出爸爸的名字、妈妈的名字和小朋友的名字。但是，一般情况下要让宝宝称呼自己的父母为"爸爸"和"妈妈"，不应直呼名字。

5 用"我"代替名字

宝宝往往用名字形容自己的东西。拿属于宝宝自己的东西，鼓励他说"我的衣服""我的床""我的鞋子"，而代替"宝宝的衣服""宝宝的床""宝宝的鞋子"等，这是宝宝自我意识的萌芽。说对了要称赞他，亲吻他。

6 翻书找画

购买一套适合宝宝的幼儿读物。每次翻开幼儿读物中的一页，把书中的主要事和物讲给宝宝听，然后把书合起来，再让宝宝找到那一页。开始要帮助他回忆要找的东西，并教他从前往后逐页查书的习惯，再训练他独立查找。

7 用一个词形容家里的人

教宝宝用词汇形容家里的人,如"爸爸高""妈妈漂亮""宝宝乖",使宝宝的词汇渐渐丰富起来。

8 背诵数字 1~5

常常听口令的宝宝很快学会说"1、2、3",或者背数到"5"。宝宝只能背诵,不会点数,口手不同步。

9 喜欢听讲过的故事

宝宝在睡前总是要父母讲故事陪着睡,他会在心中默默背诵着故事里的每一句话,当父母讲的与过去不同时,他就会插一两个字来更正。

10 感知学习

握住宝宝的手触摸热粥碗,然后问他:"烫吗?"多次练习后宝宝能形成条件反射,再遇到热粥、热水时他知道烫而缩手,还能说出"烫"这个词。再让宝宝尝冰棍说"真凉",用对比强化感觉。猜用布盖着的东西,如碗、勺子及玩具,让宝宝通过手的触觉去辨认物品。

11 排位置

用大纸画一张脸,再用小的片块画上脸部器官(眉、眼、鼻、口、耳),让宝宝摆在正确的位置上。然后再帮助宝宝将画好的身躯、四肢、手足、衣服等摆正。

12 教认颜色

继续教宝宝认识颜色,搜集红、黄两种颜色的多种物品,比如用红丝带捆红色的书、红上衣、红鞋,再拿出黄扣子、黄盒子、黄粉笔等物品,一一让宝宝识记,使宝宝能从各种物品中认识红色和黄色的共同特性,并温习黑色。

13 认识自然现象

父母继续注意培养宝宝的观察力和记忆力,并启发宝宝提出问题及回答问题。例如观察早上天很亮,有太阳出来;晚上天很黑,有星星和月亮;有时没有太阳,是阴天,或者下雨、下雪;有时刮大风;在下大雨时会出现闪电和雷声。通过以上讲述,使宝宝认识大自然的各种现象。

教宝宝把不同形状但颜色相同的积木归成一类,让宝宝理解颜色的意义。

情商培养

嫦妒，小宝宝的成长烦恼

1 宝宝也会嫦妒

父母和朋友煲电话粥忽略了他，看到别的宝宝被叔叔阿姨喜欢或拥有自己没有的玩具……这些被忽略的事都可能会引发宝宝的嫦妒心。内向的宝宝会吸吮手指或者抓抱着自己的、大人的脸或者抚弄头发，外向的宝宝则会尖叫、哭闹或用具有攻击性的行为来发泄。

嫦妒是宝宝成长过程中不可避免的一种情绪，是宝宝的一种本能，不必因为宝宝嫦妒而担心他以后会心眼小，只需及时缓解他的情绪即可。

2 帮助宝宝提高自我评价

这是克服嫦妒心的有效途径之一。你一旦发现宝宝产生嫦妒的情绪，千万不要拿他和别的小朋友比，不要说"你看看，浩浩从来不像你这样"，这种比较对缓解宝宝的嫦妒情绪毫无意义，还可能打击宝宝的自尊心，诱发宝宝对比较对象产生敌意。你可以抱抱他、抚摸他，告诉他，他真的很棒就足够了。

3 要理解宝宝的嫦妒心

当宝宝满心嫦妒地对待小朋友时，比如因为邻居家小朋友新买了一个自己没有的小玩具而对他充满了敌意。碰到这种情况，你只要对宝宝的感受表示理解就可以了，千万不能说："我们也去买一个同样的玩具吧！"这样的处理方式会变相鼓励宝宝的嫦妒情绪，从而诱发宝宝的贪心与攀比心理。

4 减少使宝宝产生嫦妒的环境刺激

如果宝宝因为邻居家小朋友拥有某个玩具而产生嫦妒，你可以换家里的另外一个他喜欢的玩具来玩一些有趣的游戏，宝宝对别人的玩具只是感到新奇，并没有贵贱之分。

如果宝宝因为你的注意力转移到其他小朋友身上而嫦妒，你可以告诉他，妈妈爱他，只是小朋友是客人，作为主人应该多照顾客人，然后让宝宝一起招待小朋友。

宝宝嫦妒别人的玩具时，引导他注意自己的玩具很有趣，转移他的注意力。

5 1 岁半至 2 岁的宝宝爱"反抗"

"反抗"是这个阶段宝宝最明显的特点。这个时期的宝宝在游戏时会小声咕哝，那只是他的口腔锻炼。他的想象力也开始出现，会把小盒子想象成小汽车，可以与小朋友合作玩游戏。他喜欢押韵的儿歌，可以背出其中的几句，且有明显的表现欲望，在当众表演后，会左右环顾等着大家的表扬呢！

宝宝不管看到或听到什么，总是会问这是什么，宝宝的语言能力急速增长，几乎把所有精力都花在记事物的名称上。宝宝一旦知道所有的东西都有名称后，就开始胡乱提出问题想要记新的名字，宝宝所问的内容都相当单纯，但他就是通过这种方法来记人名及事物的。

6 用语言称呼

在与人交往中，使宝宝在提示下能用语言称呼、问好、说再见等。当宝宝帮助或想帮助别人做事时，要支持他。他也会说"上街""喝水""玩汽车"等来表达个人要求。

7 协同游戏

让宝宝与同龄宝宝一起玩，给他们相同的玩具，以避免争夺。当一个宝宝做一种动作或出现一种叫声时，另一个宝宝会立刻模仿，互相笑笑，这种协同的游戏方式是此时期的特点。宝宝们不约而同的做法使他们互相默契而得到快乐，父母要想办法为宝宝创造这种一起玩的条件。

8 过家家

父母创造条件让宝宝和伙伴玩"过家家"游戏，如照料患病的娃娃吃药、休息，以培养同情心和协作品格。

9 家务劳动

培养宝宝自己做一些简单的事。通过各种方式让宝宝知道家中日常生活用品存放的位置，每天坚持让他模仿父母做简单的事，比如拿拖鞋、拿书报、搬小凳等，如果完成得好，别忘了表扬他。

"给小宝贝洗完澡了，身上湿湿的，怎么办呢？"这时候，宝宝就会拿毛巾来擦了。

思维游戏

认亲人，会画画

1 空间想象能力——勇敢的小伞兵

游戏前的准备：叠成10厘米左右高的被子，或者去有台阶的地方。

这样玩

① 将被子叠成10厘米左右的高度，让宝宝站到上面双脚往下跳。

② 在户外找一个有小台阶的地方，让宝宝从台阶上跳下来。根据宝宝运动的发展情况，适当增加台阶的高度。

益处多多：在这个游戏中，宝宝在从高往下跳的过程中可以刺激其空间想象能力的发展。而且跳跃运动对骨骼、肌肉、肺及血液循环系统都是一种很好的锻炼，从而使宝宝长得更高、更壮、更健康。

温馨小贴士：宝宝从台阶跳下来的时候，台阶不要太高，要量力而行。

2 逻辑推理能力——认一认

游戏前的准备：写有眼睛、鼻子、嘴巴、手、脚、妈妈、爸爸、宝宝、奶奶、爷爷等字的字卡若干张。

这样玩

① 妈妈指着自己的眼睛，告诉宝宝这是妈妈的眼睛，并出示相应的"眼睛"字卡。妈妈问："宝宝的眼睛在哪里？"让宝宝用小手点眼睛，并从若干字卡中找出"眼睛"字卡。

② 依此类推，让宝宝认识鼻子、嘴巴、手、脚、妈妈、爸爸、宝宝、奶奶、爷爷等字。

益处多多：让宝宝把具体的人和物与抽象的字卡对应起来，可以训练宝宝左脑的逻辑推理能力，同时还可以不断强化宝宝对五官、四肢的认识，有助于宝宝增强对自身的认识。

温馨小贴士：宝宝也许更热衷于看图文字，妈妈可以依着宝宝的兴趣给他买相关的书，培养宝宝的兴趣才是最重要的。

把家人的照片贴在卡片上，教宝宝学习不同的称呼，效果会更好。

3 创意能力——画个太阳红彤彤

游戏前的准备：水彩笔和白纸、太阳挂图。

这样玩

① 妈妈让宝宝说出太阳的形状和颜色。

② 妈妈拿水彩笔在白纸上画一个圆，鼓励宝宝拿起笔来像妈妈这样做。

③ 如果宝宝还不会握笔，妈妈可先握住宝宝的小手在纸上画圈，再让宝宝自己画。妈妈帮助宝宝完成太阳图画，并把太阳涂上鲜艳的红色。

益处多多：宝宝正处在喜欢涂鸦阶段，不一定按照成人的要求作画，应该让宝宝尽情地去按照自己的想象来作画，这对开发宝宝的右脑是很有好处的。

温馨小贴士：爸爸妈妈可以在日常生活中让宝宝观察大自然，为他们创造感受美的环境，发现大自然里的各种线条、色彩和形状以及方位，让宝宝逐渐增长见识。

4 视觉记忆能力——小脚丫到处走

游戏前的准备：小毛绒动物玩具（带响声的更好），一条棉线绳。

这样玩

① 把棉线绳的一端系在玩具上，将绳子的一端握在宝宝手中。

② 宝宝拉动棉线绳，使玩具移动，妈妈跟着追。宝宝不断拉动绳子，四处走动。

益处多多：这个游戏可以让宝宝把行走当成一件快乐的事，考验宝宝右脑的视觉追踪能力，增进行走和协调运动的能力。在宝宝早期就开始锻炼与视觉和肌肉运动技能有关的大脑神经，成年后宝宝的可塑性会很强，能够积极地适应社会需要。

温馨小贴士：妈妈和宝宝可以互换角色，妈妈拉，宝宝追，更能激发宝宝的兴趣。

宝宝拉着绳子跑动的时候，容易让绳子缠一块儿，将自己绊倒，父母一定要在旁边保护宝宝的安全。

第 14 章

*培养宝宝的独立意识、自尊心、自信心、同情心以及自控能力。

*配合儿歌读数字,结合实物学数数。

*让宝宝多做运动,使动作更协调。

*让宝宝广交伙伴,促进语言发展。

育儿
要点

*从听故事到学习故事中的汉字。

*促进"手—眼—脑"的协调能力。

*教宝宝理解前后、左右、多少、长短。

25~30个月
喜欢做"家务"

身体发育·男宝宝

第 30 个月时的体重 _____ 千克(正常范围 14.28 ± 1.44 千克)

第 30 个月时的身长 _____ 厘米(正常范围 92.2 ± 3.6 厘米)

第 30 个月时的头围 _____ 厘米(正常范围 49.6 ± 1.6 厘米)

身体发育·女宝宝

第 30 个月时的体重 _____ 千克(正常范围 13.96 ± 1.44 千克)

第 30 个月时的身长 _____ 厘米(正常范围 91.7 ± 3.1 厘米)

第 30 个月时的头围 _____ 厘米(正常范围 48.9 ± 1.6 厘米)

生长发育特征 # 男孩还是女孩

1 看外形能分辨男女

多数宝宝从衣着和发型上已经能分辨出是男孩还是女孩了,他自己也有了初步的性别意识,能说出自己是男孩还是女孩。这对宝宝未来的成长很重要。

2 会做很多动作

宝宝开始热衷于单脚站立,并能站很长时间;在妈妈的鼓励下,他可以画"十"字和正方形,也能写出0和1这两个数字,还能按秩序摆放好玩具。

3 会照顾自己

宝宝会自己用勺子把碗里的饭菜吃干净,用杯子倒水也不会洒;虽然还不能分清左右,但会自己穿上袜子和鞋,也能脱掉衣裤和鞋袜;大小便也基本可以自理了。

4 能正确使用礼貌用语

宝宝不但会背2~3首唐诗、唱2~3首儿歌,也能正确地使用礼貌语,如"谢谢""您好""再见",还能说一些简单的英语单词,如banana、apple、orange等。

5 变得很独立

宝宝特别需要朋友,从其他小朋友那里,宝宝可以得到许多生活经验;能和其他小朋友合作玩游戏,并会表达意见,服从命令;能离开家长半小时到一个小时。

6 有"多"与"少"的概念

"多"与"少"的概念在宝宝的小脑袋里已经非常明确,如果你在他面前摆放两堆5个以内的物品,宝宝已经能分清楚哪个多、哪个少。

妈妈早教 10 分钟

鼓励宝宝多动脑筋

父母要鼓励宝宝多问几个为什么。为了促进观察,父母也要善于向宝宝发问,并启发宝宝对所提问题进行独立思考,得出正确答案。善于观察、勤于思考的宝宝,思维活跃,能力强,智力发展也较快。

另外,不要忽视让宝宝与稍大一点的宝宝一起玩,通过伙伴之间的"思维感应"来促进宝宝思维能力的提高。

面对两堆积木,宝宝已经能分清哪个多、哪个少。

喂养指导

吃饭和喝水

1 每天能吃一碗半米饭

这一时期，很多妈妈都会有"宝宝不爱吃饭"的担心。在这个时期，宝宝每年的体重增长并不快，所以没有必要吃那么多，一般宝宝每天总共吃一碗半米饭左右即可。有的早、午、晚每顿各吃半碗，有的中午吃一碗，晚上吃半碗。

有的宝宝饭量虽说不大，但看到肉就吃得很多，肉、鱼等能吃成年人的7成左右。也有不少宝宝不喜欢吃青菜和鸡蛋，那你不妨给他做成蛋饼、菜卷或炒什锦菜，大多数宝宝都会喜欢吃。

2 晚餐宜全家一起吃

早饭和午饭可让宝宝单独吃，晚饭最好能全家人围坐在一起吃。当然，这也要看宝宝的食欲如何。食欲旺盛的宝宝把吃饭当作一种乐趣，食物还没有端上来，就坐到饭桌前等着吃饭了；而食欲不好的，不坐在专座上就不会安心吃。

3 鼓励宝宝自己喝水

随着宝宝逐渐长大，应根据需要自由喝水，父母应准备水瓶和温开水，放在宝宝能拿到的地方，鼓励宝宝自己喝水，不要等口渴了才喝水。

4 天热多喝水

天热、出汗多、发热、活动量大、水分消耗多、饮食较干或过咸时，饮水量要适当增加；而当天冷、活动量小、饮食中水分较多时，饮水量就可相应减少。

5 不宜喝水的时间

为了保证宝宝饮入充足的水分，每天应安排固定的饮水时间。

饭前半小时之内不要喝水；不能边吃饭边饮水或吃水泡饭；睡觉前不喝水。

每天为宝宝安排固定的饮水时间。

6 不宜多喝糖水

不能多喝糖水,糖水可使体内碳水化合物的摄入量过多,导致肥胖;饮糖水后不及时漱口,容易发生龋齿。

7 过度爱喝水时应警惕

当宝宝烦渴,饮水特别多,还伴有易饥、消瘦等其他症状时,应高度警惕是否患有某种疾病,如糖尿病。如果还是多饮水、多尿,就要注意有无尿崩症。

8 不宜多吃冷饮

刺激肠胃:大量吃冷饮,对消化系统是一种很强的冷刺激,容易引起腹痛、腹泻、胃痛、停食、呕吐、食欲下降等。久而久之,可引发营养不良、贫血以及胃肠道的细菌感染。

色素的危害:冷饮中常会添加一些香精和色素,经常食用会对宝宝的健康不利。

影响食欲:冷饮中含有一定量的热量,吃得过多,会影响宝宝的食欲,影响正餐进食,时间一长,必定会出现营养不平衡的问题。

9 蔬菜宜现做现吃

为了减少维生素的损失,蔬菜在烹调时应先洗后切、急火快炒、现做现吃,以减少维生素的损失。

10 不爱吃蔬菜,怎么办

父母要为宝宝做榜样,带头多吃蔬菜,并表现出吃得津津有味的样子。不要在饭桌上议论自己爱吃什么、不爱吃什么,宝宝可是善于学习的。

多向宝宝讲吃蔬菜的好处和不吃蔬菜的后果,有意识地通过讲故事的形式让宝宝懂得,吃蔬菜可以使身体强壮、健康。

要改善蔬菜的烹调方法。给宝宝吃的菜应切得细一些、碎一些,便于宝宝咀嚼,同时注意色香味形的搭配,增进宝宝的食欲。也可以把蔬菜做成馅,包在包子、饺子或小馅饼里给宝宝吃,宝宝会更容易接受。

不要采取强硬手段,特别是如果宝宝只对个别几样蔬菜不肯接受时,不必太勉强,可通过其他蔬菜来代替,也许过一段时间宝宝自己就会改变的。

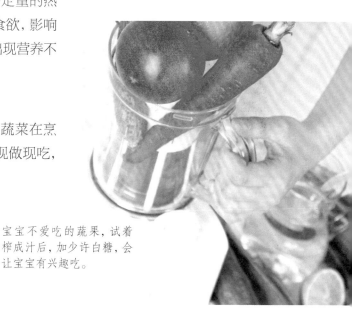

宝宝不爱吃的蔬果,试着榨成汁后,加少许白糖,会让宝宝有兴趣吃。

日常养护

自理，从现在开始

1 可以自如地用勺子吃饭

宝宝可以自如地用勺子吃饭了。当宝宝开始学习自己吃饭时，不仅吃得很慢，还会把大部分饭菜撒到地上。爸爸妈妈不要急于求成，更不能怕麻烦而一直手把手喂宝宝，或斥责宝宝。这时，耐心和爱心是最重要的。

2 刷牙、漱口要学会

2 岁多的宝宝已会用香皂洗手并把手擦干了，这时，你可以教他洗脸，甚至洗脚。每天，妈妈提前为宝宝准备好脸盆、毛巾等洗漱用具，然后在一旁指导他洗漱的顺序。洗漱完后，引导宝宝把洗漱用具放回原处，从小养成好习惯。漱口和刷牙也是宝宝必须学会的，要让宝宝明白，嘴里有好多小细菌，漱口、刷牙才不会肚子疼、牙疼。

3 把整理房间看成是游戏

让宝宝把打扫房间看成做游戏的一部分，每次的扫尾工程就是收拾房间。

宝宝可能还不会收拾，没关系，你可以耐心地陪他收拾几次，慢慢培养他的条理性，等宝宝再长大一些，就会认可这种方式了。

4 玩玩具后要学会收拾

鼓励宝宝每次做游戏、玩玩具后，将玩具、书籍等放回原处，并摆放整齐，这会让宝宝受益终身。

5 每季度更换牙刷

2 岁到 2 岁半宝宝的牙刷，全长以 12~13 厘米为宜，牙刷头长度为 1.6~1.8 厘米，宽度不超过 0.8 厘米，高度小于 0.9 厘米；牙刷柄要直且粗细适中，便于宝宝满把握持，头柄间的颈部应稍细；牙刷毛要软硬适中、富有弹性，毛面要平齐或呈波浪状，毛头应经过磨圆处理。

通常，每季度应更换一把牙刷。如果刷毛变形或牙刷头积有污垢，则应及时更换。

使用漂亮的小碗和小勺子，宝宝会更喜欢自己用勺子吃饭。

妈妈早教 10 分钟

做个好奇爸妈

看到宝宝把刚搭好的积木房子推倒，把小汽车拆开，不妨过去问他为什么这样做。此时，宝宝不但会给你一个意外的回答，你的好奇心也能引导宝宝发现事物深层次的奥秘，帮助宝宝梳理自己的思维。

6 选刺激性小的牙膏

2岁到2岁半的宝宝，适合使用芳香型、刺激性小的牙膏，牙膏产生的泡沫不要太多，牙膏中的摩擦剂粗细适中，含氟和药物牙膏要合理使用。此外还要注意，要经常为宝宝更换不同的牙膏，更换过期、失效的牙膏。

7 刷牙时间不少于3分钟

引导宝宝竖着刷牙。刷牙时要照顾各个牙面，不能只刷外面。要将牙刷的毛束放在牙龈和牙冠处，轻轻压着牙齿向牙冠尖端刷。

如果宝宝不喜欢刷牙，妈妈可以在早晚刷牙时让宝宝跟着一起刷。

刷上牙床由上向下，刷下牙床由下向上，反复6~10下。要将牙齿里外上下都刷到，刷牙时间不少于3分钟。

刷牙的最佳时间是饭后3分钟，每次餐后都刷一次（至少要保证早晚各刷一次）。

刷完牙后，还应告诉宝宝将牙刷的刷头向上摆放，以防牙刷头潮湿霉变。

8 父母要及时表态

当宝宝正兴致盎然地做一件你认为不正确的事情时，要及时表明你的态度，告诉他"妈妈不喜欢这样"；而当宝宝改正之后，则要及时表扬宝宝，让他明白什么是应该做的，什么又是不应该去做的。

9 给宝宝有限制的选择

该吃饭了，宝宝却还是玩得热火朝天，任你怎么喊都不理会。此时，你不妨给宝宝一个有限制的选择。如："宝宝，你想现在吃饭还是5分钟以后吃呢？"可以想见，宝宝会选择5分钟以后。5分钟后，你再次喊他，宝宝也一定会遵守自己的承诺。

10 父母主张要一致

面对宝宝出格的要求，爸爸妈妈首先要有一致的主张，比如宝宝想买一辆车，但宝宝现在还不会骑车，妈妈说："等你再长大一岁就买给你。"爸爸就应该附和着说："宝贝快快长大吧，加油！"这样，宝宝不仅不会哭闹，还会对未来充满向往。

习惯培养

文明进餐

1 让宝宝自己吃

自己吃饭会引起宝宝极大的兴趣，是对食欲的强烈刺激。开始时宝宝拿勺吃，妈妈也拿勺喂，慢慢地宝宝能自己吃饱时，就不用喂了，到 2 岁半以后宝宝完全可以自己吃饱。

2 固定的位置

一定要让宝宝坐在一个固定的位置吃饭，不能让他跑来跑去，边吃边玩，否则进餐时间过长会影响消化吸收。如果在饭桌上与父母一起吃，不要让他成为全桌人注意的中心，大家都吃得很香定会感染宝宝，增进他的食欲。

3 吃饭要有规律

父母要让宝宝定时进餐，定量进食。如果不按时吃饭，易造成消化功能紊乱，影响食欲。宝宝在幼儿时期对食物质与量的耐受性较差，饮食过量会增加消化道的负担，容易造成消化不良。

4 进餐时间不宜过长、过快

进餐时间不要太长，进餐速度不要过快。进食过快，食物在口腔内还没有嚼碎就进入胃里，加重了胃的负担，从而导致消化不良。快食还易使食物呛入呼吸道，引起咳嗽、呕吐，影响进食量，而且不利于咀嚼器官的发育。宝宝的胃容量小、消化功能弱，正餐不宜吃得过饱。三餐之间可加喂点心和零食，但也不宜太多。

5 进餐时要安静

文明进餐是宝宝社会适应性的组成部分，包括吃饭时要安静，不能大笑和说话，更不能哭闹，而是要专心致志进餐；饭前要洗手，吃饭时保持桌面干净，训练正确使用餐具；学会进餐时的文明礼貌用语等。

6 不要让宝宝独占食物

进餐时，餐桌上好吃的饭菜要按人分份，教育宝宝先给年长的长辈盛，再给宝宝盛，懂得共同分享，礼让别人，防止宝宝养成一切自己优先、独占食物的不良习惯。

如果宝宝不想吃饭，千万别强迫他，而应找出他没食欲的原因。

骑车，表达，写字

1 骑"三轮车"

父母让宝宝练习骑小三轮童车，必要时可用小绳拉着，帮助他用力，逐渐使宝宝能独立骑"三轮车"往前走。

2 拼出4~6块切开的图

父母利用一图一物的美丽图片裁成4~6块，让宝宝自己拼上。拼图能锻炼宝宝从局部推及整体的能力，又可练习手的敏捷准确能力。

3 日常生活中的训练

训练宝宝用钝餐刀将馒头片切开，用勺吃饭不撒在外面，用手拿小杯子喝水或把一个水杯中的水倒入另一个杯子时不洒不溢，以及学拿儿童剪刀剪纸条，与小朋友进行穿珠子比赛等。

4 表达

在宝宝熟知家庭成员名字、职业的基础上，训练宝宝回答成人提出的与此相关的问题。如提问"你爸爸叫什么名字""干什么工作"，锻炼宝宝的表达能力。

5 "如果"练习

与宝宝面对面坐下讲故事或讲动物画片，不断提问并引导宝宝回答"如果"后面的话。例如，龟兔赛跑时，如果小兔不睡觉就会怎样？小兔子乖乖如果以为是妈妈回来，把门打开就会怎么样？通过这样的训练使宝宝学会初步推理。

6 丰富词汇量

当宝宝自言自语或与他人交谈时，要注意丰富其词汇量。可以用进一步提问的方式使宝宝词汇丰富，例如宝宝讲到发热打针时父母问："发热时妈妈带宝宝上哪儿去？""谁给宝宝看病？""谁给宝宝打针？""宝宝哭了没有？""针打在什么地方？""现在还痛不痛？"……如果答不上来就帮他说出。这些经历过的事，有了可联系的词汇就不容易遗忘。

7 听词模仿动作

不断地说出各类能表现动作、表情的词，让宝宝模仿，如"洗衣服""开汽车""笑""哭""唱"等，也可以父母做动作，让宝宝说词语。

单色图形的拼接是最简单的，宝宝学会之后再让他拼图形复杂的图片。

8 取放物品

训练宝宝收拾自己的玩具和物品。宝宝的玩具、衣服、鞋袜等,要放在固定的地方(玩具要放在宝宝容易取放的地方),并让宝宝知道这些东西放的位置。宝宝要玩具时,开始要与宝宝一起去拿,玩完后,教他放回原处,逐渐让他自己取放。

9 写数字和简单汉字

教宝宝学习写数字。先学写近似的数字,如会写"1",再学写"4",然后再学写"2"和"3"。也可以写简易汉字,如"一、二、工、土、人、大"等。

10 认时间

教宝宝学习认时间。比如,"吃过早饭可以到院子里玩耍""等爸爸下班回家""吃过晚饭该睡觉"。

11 食指点数

宝宝数数口手不一,所以应教宝宝用食指点着数字或实物点数。先训练从"1"到"3"点数,示范按数取 1~2 件物品,如"给我 1 块糖""拿 2 块积木给爸爸"。更重要的是教宝宝分类、比较等数的概念。

12 辨认方向

培养宝宝的分辨力,如把玩具放在桌子上、椅子下、抽屉里、盒子外等。父母和宝宝一同站在大镜子前玩分左右的游戏,按口令摸自己的"右眼睛""左耳朵""左肩膀""右膝盖""右胳膊肘""左眉毛""右耳垂"等,使宝宝进一步认识身体部位和分清左右。

13 认识职业

教宝宝识别工人、农民、解放军、学生、警察等不同职业,并理解他们是干什么工作的。复习家庭照片,看看家庭成员们是从事什么职业的,在什么地方工作,有什么特殊的业绩。

跟宝宝说"把杯子放在最右边的大木盘里""把小球放圆盆里",便于宝宝认识方位和形状。

情商培养

做一个"大胆儿"

1 多一点父爱

爸爸的作用是妈妈无法代替的。爸爸具有的独立、自信、坚强、果敢、富有合作精神的性格也会在游戏中被宝宝模仿。

爸爸要善于向宝宝表达感情；多亲吻、拥抱、抚摸宝宝；在宝宝面前表现出对妈妈的理解；坚持每天和宝宝共度一段亲子时间；宝宝做错事时，适当惩罚，但切忌打骂。

2 不宜对宝宝说"你不行"

父母不能经常对宝宝持否定态度，如果宝宝的周围环境总是充满着"你不行"这些不经意的话，会使宝宝形成"我不行"的概念，他的小小自信会受到莫大的伤害。

3 对宝宝的要求不宜过高

如果你对宝宝的要求过高，宝宝很费力也达不到，久而久之，就会越来越自卑。如果你发现宝宝有了自卑的苗头，就应适当降低对他的要求。

4 保护宝宝的自信

宝宝与小朋友的交往不断增加时，他就会进行比较。"志浩有两辆车！""小品有一辆很棒的小汽车！"处在劣势的宝宝一次次体验到挫败感。此时你应该及时引导他，让他知道自己拥有别的小朋友没有的本领，会讲好听的故事，会画很漂亮的树。

总之，爸爸妈妈要细心发现宝宝的每一种不良情绪，把它们消灭在萌芽中，让宝宝拥有自信、开朗、大方的优良品格。

5 不能吓唬宝宝

宝宝年幼时，有些父母经常说一些威吓的话，比如"你不听话，就把你送给坏人""扔在外面让老虎吃了你"等。这种"大灰狼"式的话语无形中在宝宝心中留下可怕的阴影，使宝宝失去安全感。

父母应尽量避免让宝宝看那些妖魔鬼怪的节目，或是一些凶杀、弃尸的新闻，这些会加深宝宝的恐惧感。外界环境的

"看谁能抢到水喝？"用这种方法能帮助宝宝多喝水。

影响, 例如现在有不少幼儿读物或动画片中有暴力情节, 这会给尚未成熟的宝宝留下阴影。

6 不做宝宝的 "保护伞"

父母不要把 "保护伞" 撑得太大, 要让宝宝多接触外界的事物, 多认识世界。家长对宝宝的保护过多过细, 总把宝宝带在身边, 形影不离, 会使宝宝形成强烈的依赖心理和被保护意识。当宝宝逐渐长大时, 保护的惯性照样持续, 结果是离开大人就害怕。

7 多鼓励宝宝

要让宝宝面对恐惧, 当他感到害怕时, 家长要多加鼓励。要明确宝宝怕什么, 针对他所怕的事物进行科学的解释和适当的安慰, 避免能引起宝宝恐惧心理的行为。家长平时也要有意识地从正面对宝宝进行勇敢教育, 多给他讲一些勇敢少年的故事, 以激励宝宝锻炼自己的胆量和意志。

8 扩大生活圈

父母可以经常带着宝宝参观一些小宝宝的活动场所, 如亲子中心。让他觉得新鲜, 感受那里的音乐和喧闹的气氛。

如果宝宝生活范围很窄, 不与同龄小朋友玩耍, 极少走亲访友, 会使宝宝对陌生人和群体不适应。一旦上幼儿园, 进入新环境看到新老师, 宝宝会更胆小。

在幼儿活动交往中, 妈妈和老师要充当 "配角", 让宝宝学会主动交往。

让宝宝和其他小朋友一起玩, 可以先和邻居或亲戚的宝宝一起玩, 给宝宝一个不太喧闹的开始。多鼓励和拥抱宝宝, 并告诉他, 妈妈爸爸就在附近。当他看到别的宝宝玩得兴高采烈以后, 也会希望自己去试一试。

只要父母努力, 那些略微害羞的宝宝也会更有自信。无论你的宝宝是什么样的个性, 都不要因为遗传的个性而放弃后天环境对宝宝个性的塑造。

思维游戏　# 说说，唱唱，自我介绍

妈妈假扮兔子，让宝宝与之对话，说出自己的名字、年龄、穿什么颜色的衣服等。

1 语言表达能力——自我介绍

游戏前的准备： 宝宝平时熟悉的毛绒玩具若干。

这样玩

① 妈妈拿起一只小兔子玩具说："我是小白兔，长长的耳朵，红眼睛。"

② 让宝宝来自我介绍，请宝宝说出自己的姓名、年龄，自己的长相和自己喜欢什么。妈妈和玩具坐在下面当听众。

③ 妈妈可以用笔记下宝宝说的话，然后念给宝宝听。

益处多多： 这个游戏可以让宝宝把对自己的了解用语言表达出来，锻炼左脑的语言表达能力，培养自我意识。

温馨小贴士： 宝宝介绍完自己后，妈妈要给予掌声，鼓励宝宝勇于表达。

2 数字演算能力——我来数一数

游戏前的准备： 小狗、小鸟、小牛、小羊、小鸡、小鸭等6只小动物的图片。

这样玩

① 妈妈和宝宝一起从小狗顺数到小鸭，练习从1数到6。

② 宝宝熟练后，妈妈可让宝宝单独数数。

益处多多： 2~3岁是宝宝计数能力发展的关键期，爸爸妈妈要抓住这个关键期，有意识地对宝宝进行训练和教育，让宝宝在游戏中进行学习。

温馨小贴士： 如果宝宝不能顺利数数，妈妈可以先拿出4张动物图片，和宝宝一起来数，再拿出5张动物图片，一起数，以此类推。

3 图形认知能力——说出来

游戏前的准备: 不同形状的点心。

这样玩

① 妈妈问宝宝:"你吃点心吗? 你想吃什么形状的? "

② 鼓励宝宝说出点心的形状。尽量让宝宝说出每个点心的形状,而不要用"这个""那个"来表达。

益处多多: 研究发现,人脑在 3 岁以前完成 60% 的发育,6 岁以前完成 90%,而右脑在 3 岁以前就极其发达了。在这个游戏中,要求宝宝逐渐感知生活中的实物图形并说出形状,可以很好地开发宝宝的右脑潜能。

温馨小贴士: 宝宝在玩贴纸游戏时,妈妈让宝宝找出三角形、正方形、圆形,然后贴在相应的位置。

宝宝想吃哪一个呢? 鼓励他说出每种点心的形状。

4 音乐能力——从头到脚歌

游戏前的准备: 妈妈最好把儿歌背下来。

这样玩

① 妈妈教宝宝唱这首《从头到脚》歌。

② 在宝宝熟悉之后,妈妈唱,让宝宝表演动作。比如妈妈唱到头时,宝宝摸自己的头,唱到脚趾时,宝宝弯腰摸自己的脚趾。

> 头,肩膀,
> 膝盖,脚趾。
> 膝盖和脚趾。
> 头,肩膀,
> 膝盖和脚趾。
> 眼睛,耳朵,
> 嘴巴,鼻子,
> 头,肩膀,
> 膝盖,脚趾。
> 膝盖和脚趾。

益处多多: 通过音乐智能的发展,能够提高宝宝感受、辨别、记忆和表达音乐的能力,同时也促进了宝宝对声音的敏感性、记忆力、注意力的发展。音乐智能是 8 种智能中最早萌发的一个智能,对宝宝发展语言智能、数学智能、空间智能都有直接或间接的作用。

温馨小贴士: 等宝宝完全熟悉儿歌后,可以让宝宝一边唱,一边表演动作。

第 15 章

*让宝宝参加较复杂的运动游戏, 如亲子单脚蹦、越障碍、走 S 形线等。

*学用剪刀, 按画好的线剪纸。

育儿
要点

*教宝宝交往用语、交往技巧。

*加强宝宝生活自理能力的培养, 切忌
过度保护、包办代替。

*3 岁的宝宝会表现明显的个性和兴趣,
要因势利导。

31~36个月
十万个为什么

身体发育·男宝宝
第 36 个月时的体重 _____ 千克(正常范围 15.04 ± 1.56 千克)

第 36 个月时的身长 _____ 厘米(正常范围 96.3 ± 3.4 厘米)

第 36 个月时的头围 _____ 厘米(正常范围 50.1 ± 1.5 厘米)

身体发育·女宝宝
第 36 个月时的体重 _____ 千克(正常范围 14..83 ± 1.54 千克)

第 36 个月时的身长 _____ 厘米(正常范围 95.7 ± 3.2 厘米)

第 36 个月时的头围 _____ 厘米(正常范围 49.1 ± 1.6 厘米)

生长发育特征

长大了，懂事了

1 变高变壮了

宝宝的成长速度是惊人的，体重增长不多，但身高却比上一年增加了7厘米左右，他的肌肉结实而有弹性，手脚也变得细长，身体看上去比原来苗条了。

2 良好的平衡能力

宝宝已经具备良好的平衡能力，会拍球、抓球和滚球，还能把馒头或面包一分为二；他甚至可以完整地画出人的身体结构，虽然比例不协调，但基本的位置已经找准了。

3 能帮妈妈干活了

宝宝不但可以自己穿脱鞋袜、衣服、扣扣子、洗手、洗脸、洗脚，而且吃饭前他还会帮妈妈擦干净桌子，并放上几个人用的碗筷；吃饭时也乐于为别人夹菜。

4 能说会道

宝宝已经能讲诸如"红的橘子甜""花毛衣暖和"等5个字一句有形容词的话了；在大人的提问下，能讲清物体的名称、用途、颜色和特点；可以复述他熟悉的故事。

5 联想能力进一步增强

已经能认识红、黄、蓝、绿、黑、白6种颜色。联想能力也进一步增强，比如说到熊猫，宝宝会联想到熊猫是国宝，它的食物是竹子，在动物园曾经看到过。

6 喜欢和同伴玩

宝宝越发喜欢参加社交活动，尤其愿意参与同龄伙伴的活动。他意识到与小朋友交往需要付出爱心，有了好吃或好玩的东西要学会与人共享，因此此时是上幼儿园的最佳年龄。

7 爱玩过家家

他更热衷于玩过家家的游戏，几个宝宝在一起，有的担任爸爸，有的扮演妈妈，有的是宝宝。他们买菜、做饭、招呼客人、照顾宝宝，模仿着成人世界的生活。

宝宝喜欢模仿成人世界的生活，像个"小大人"一样，玩得有声有色。

喂养指导

按需喂养

1 要控制食量

绝大多数宝宝在 2 岁半时，乳牙就已出齐(20 颗)，咀嚼的功能已经很好，能吃的食物花样增多，常会吃得过多。父母看到自己的宝宝吃东西吃得这么香，感到非常高兴，但是摄入过多会使宝宝体重骤增，再不限制则会开始发胖。

2 食量应是成人的一半

不同的宝宝食量各不相同，总体说来，宝宝吃到成人普通食量的一半就已经足够了。体重轻的宝宝可以在食谱中多安排一些高热量的食物，配上西红柿鸡蛋汤或虾皮紫菜汤等，开胃又有营养，有利于宝宝体重的增加。

3 超重宝宝要少吃高热量食物

要减少吃高热量食物的次数，多安排一些粥、汤面、蔬菜等占体积的食物。超重的宝宝要减少甜食，不吃巧克力，不喝含糖的饮料，冰淇淋也要少吃。

4 每天补充奶制品

奶类食品含有优质蛋白质、脂肪以及钙、磷、铁等宝宝生长发育所需要的全部营养源，而且配比科学合理。所以，这个阶段的宝宝每天还是应该补充一些奶制品。如果有条件，建议为宝宝选择适龄的配方奶。

宝宝可适量喝酸奶，它易于消化吸收，酸甜可口。酸奶中的乳酸菌，可促进宝宝消化，增加食欲。奶片、奶酪之类的奶制品可作为宝宝的零食，营养又好吃。

5 多吃含钙食物

钙是宝宝牙齿、骨骼生长不可或缺的矿物质，也存在于神经、肌肉和血液中，维持人体健康。充足的维生素 D，恰当的磷、镁含量和适量的运动能促进宝宝对钙的吸收。钙的最佳食物来源是芝麻酱、奶制品、蛋类、鱼类、豆腐、油菜、虾皮、白菜等。

虾仁含丰富的钙，不过吃之前要先知道宝宝会不会对它过敏。

吃橙子有利于宝宝摄取维生素C，可以增强
免疫力，但每天一个即可。

6 膳食要平衡

为了取得必需的各种营养素，宝宝需要摄取多种食物。食物大体分为下面几类：谷物类、豆类、动物性食品类、果品类、蔬菜类、油脂类。要使膳食搭配平衡，每天的饮食中必须有下述几类食物。

谷物：米、面、杂粮、薯类等是每顿的主食，是提供热量的主要食物。

蛋白质：主要由豆类或动物性食品提供，是宝宝生长发育所必需的。宝宝所需的氨基酸主要从蛋白质中来。每日膳食中豆类和不同的动物性食品要适当地搭配，才能获得丰富的氨基酸。

蔬菜和水果：蔬菜和水果是提供矿物质和维生素的主要来源，而且蔬菜和水果是不能相互代替的。

油脂：宝宝每天的饮食中需要一定量的脂肪，尽量多让宝宝摄入富含不饱和脂肪酸的脂肪，如深海鱼、橄榄油等。

7 水果洗干净再吃

农药会长期残留在果皮和蔬菜上，如果没有洗净或不削皮，食入后对人体是有害的。由于农药是有机化合物，用水不易冲洗干净，最好先用淡盐水泡一下，再用清水冲洗干净。

桃子表面有细绒毛，需要用盐水刷掉毛才能把果皮洗净。葡萄和杨梅、草莓要用淡盐水浸泡，然后再用清水洗净。菠萝要洗净削皮，切成片用温的淡盐水浸泡后才能吃。

8 水果要多样化

不同水果的维生素含量是不一样的，如果想让宝宝得到大量的维生素C，吃橘子、山楂最合适了；咳嗽有痰的宝宝，吃梨比较好；宝宝腹泻恢复期什么水果都不该吃，但可以吃些苹果，因为它含有少量鞣酸，对肠道有收敛的作用。

日常养护 # 注意安全，入园准备

1 教宝宝过马路

父母的榜样力量是无穷的，遵守交通规则最重要。告诉宝宝没有父母带领时不能自己过马路，过马路时必须走人行横道、过街天桥或地下通道。及早让宝宝认识红绿灯等交通安全标志。

带宝宝过马路，绿灯时注意左边没有车辆时再过马路。过马路时不要急跑，宁可多等一会儿。千万不要带着宝宝或让宝宝翻越马路中间的隔离栏，或过马路时边走边玩。

2 乘坐公共汽车时应注意

＊尽量避开上下班高峰时乘坐公共汽车。

＊千万不要背宝宝上车，否则易造成头部夹伤。上下公共汽车时易夹伤宝宝的手，尽量环抱宝宝腋下上下车。上车后让售票员注意到有小宝宝。

＊注意急刹车，预防把宝宝摔伤。车上不要吃零食。车上吃零食不仅影响环境卫生，宝宝还容易被糖、果冻等小食品呛着。

＊平时教宝宝安全乘车常识，教育宝宝乘坐公共汽车时不要把头、手伸出窗外，不要在车里打闹、攀爬。乘车时也不要忘了常叮咛。

3 坐飞机注意事项

因为宝宝中耳、耳咽管等比较敏感，易造成耳朵不适、晕机等，飞机上的安全不容忽视。与宝宝同行需先制订好计划并注意安全，提前检查宝宝身上是否带有危险品。

要使用飞机上能够固定的专用宝宝座椅或者为宝宝买单独座位，系好安全带。

经常适量地给宝宝喝水，在起飞和降落过程中让较小的宝宝吸吮奶嘴以减轻不适。发生耳朵不适时，父母可引导宝宝用鼓气、吞口水等方式适应。

起飞时应观看安全须知录像或乘务人员的演示，以保证碰到紧急情况时心中有数，要听从乘务人员的指挥。

告诉宝宝，即使在绿灯亮的时候，也要看看没车再过马路。

宝宝刷牙时，最好使用温水，最大限度地减少冷热刺激，保护牙齿。

4 要保护乳牙

少吃甜食，尤其在睡前不要吃糖，每次吃完糖后最好喝一口水。睡前如果喝奶，一定要在喝奶后再喝些水，或漱漱口，以防龋齿。

纠正不良习惯： 预防和纠正各种口腔不良习惯，如吐舌、咬唇、吮指、偏侧咀嚼，注意口腔卫生。

刷牙： 宝宝2岁时大部分乳牙已经萌出，父母可以用牙刷帮助宝宝刷牙，让他逐渐习惯使用牙刷。

及时治疗： 发现乳牙有龋齿、排列不齐、缺齿等要及时去口腔医院治疗，不要认为乳牙早晚要换掉而不去管它，那样会影响恒齿的萌出和颌面部的发育。

5 入园前要有所准备

日常生活中多与邻居接触，加强宝宝独立生活的能力，为过集体生活做准备。

了解一下幼儿园的作息制度和要求，入园前就让宝宝在家照这个作息制度生活一段时间。

入园的前几天可多带宝宝去幼儿园玩，熟悉那里的环境。家里的谈话要围绕着幼儿园的优点说。

按照幼儿园的要求准备好毛巾、牙刷、衣服和被褥等。

6 父母态度要坚决

有些宝宝不愿意上幼儿园，总是哭闹甚至拒食。这时父母态度要坚决，即使宝宝天天哭闹也要送去幼儿园。

把宝宝送到班里后就要和宝宝说"再见"，父母不要眼泪汪汪，这种焦虑不安的情绪会感染宝宝。实际上，宝宝哭几天就会好的。

7 与活泼的小朋友玩

如果宝宝比较胆小、内向，可以先向幼儿园老师介绍宝宝的性格特点，请老师给宝宝介绍活泼外向的小朋友和他一起玩耍。

8 多了解幼儿园生活

开始几天可以稍早一点接宝宝，并向老师了解宝宝一天的表现，有微小的进步都要给予表扬。多与宝宝谈谈幼儿园的生活，让他表演在幼儿园学的儿歌、舞蹈，从正面引导宝宝。切记不要以送幼儿园作为对宝宝的威胁。

习惯培养 # 不挑食，不暴食，爱阅读

1 培养宝宝饭前不吃零食的习惯

在饭前 1 小时最好不要吃零食，因为零食的营养价值低，也影响宝宝的食欲。有些宝宝只吃零食不好好吃饭，易造成营养缺乏症。

2 培养宝宝不挑食、不偏食的习惯

如果宝宝不爱吃什么东西，要给他讲清道理或讲一些有关的童话故事（自己编的也可以），让他明白吃的好处和不吃的坏处，但不要呵斥和强迫。

父母千万不要在饭桌上谈论自己不爱吃哪些菜，这会对宝宝有很大影响。

3 培养宝宝不暴食的习惯

爱吃的东西要适量地吃，特别对食欲好的宝宝要有一定限制，否则会出现胃肠道疾病或者"吃伤了"以后再也不吃的现象。

每次给宝宝少盛一些饭，让宝宝能够吃完，以免剩在碗里形成浪费粮食的习惯。即使是水果，也不能由着宝宝的喜好大吃特吃。因为水果多富含果酸，过多摄入果酸会伤害宝宝的肠胃。

别忘了提醒宝宝细嚼慢咽，这样营养才能更好地被身体吸收。

4 培养宝宝爱阅读的习惯

开辟阅读空间：给宝宝布置一个放书的空间，如一个小书架，高度以宝宝能拿到为好。旁边准备一张小桌子、一个舒适的靠垫或供宝宝坐的小板凳，放一些彩色铅笔、纸张，便于宝宝看书后把自己想到的东西画出来。阅读时，要从小保护眼睛，光线充足，眼睛与书的距离为30 厘米，不要躺卧看书。

顺应宝宝兴趣：可以结合宝宝喜欢的玩具、动画片和宝宝感兴趣的内容选书，比如图文并茂的儿歌和情节简单的童话，以及介绍方位概念、科学常识、身体知识和日常规范等启发教导性的图书，动脑和动手的智力图书等。

分享阅读快乐：和宝宝一起看书，方法灵活多样，比如父母讲一点，问问宝宝接下来想知道什么；或者爸爸妈妈讲一页、宝宝讲一页，这样可以锻炼宝宝跟着情节思考，也能培养语言能力。

宝宝喜欢的卡通人物、动画片等出现在图书中，宝宝会更有阅读兴趣。

智能训练 # 认住址，述见闻，背古诗

1 "包剪锤"游戏

先让宝宝理解布包锤、锤砸剪、剪破布的关系，同宝宝边玩边讨论谁输谁赢。然后让宝宝自己判断，让他学会鉴别包、剪、锤，以及游戏中的输与赢。

2 认住址

教宝宝记住自己家的楼号、单元门号、楼层和门牌号，巩固宝宝记数字的本领。如3号楼2单元405室，即3-2-405。进一步让宝宝记住居住的街道名称、小区名称，使宝宝能记住自己的家庭住址。

如果家中有电话，也可让宝宝记住电话号码，学习用手机同妈妈打电话。这是一种十分必要而有效的安全教育，可以在宝宝3岁前后让他学会。

3 荡秋千

带宝宝到儿童游乐园荡秋千，跳蹦蹦床，扶宝宝从跷跷板的这一边走到那一边，或坐在跷跷板的一头，父母压另一头，训练他的平衡能力及控制能力。

4 跳远

带宝宝去儿童游乐园，示范双足立定跳远，鼓励他学跳。让宝宝与小朋友一同练习，边跳边说："看谁跳得远。"

5 踢小球

父母与宝宝一起玩球，拿小方凳当作球门，在距球门1米处示范踢球入门。鼓励宝宝学踢球入门，成功了给予奖励。

6 说出反义词

父母先举例，如父母说"大"，宝宝答"小"，跟着说出"上""高""长""瘦""前""左""深""远""快"等的反义词。

如果答不来，可以替他说出答案，然后再解释词义。也可以让宝宝当老师提问，父母作答，或者父母和宝宝3个人玩，轮流提问和回答。

7 讲述自己的印象

以问答的形式，引导宝宝说出他的见闻。向宝宝提出的问题要具体，最好是能激发宝宝兴趣的问题。尽量让他讲自己经历的事情，例如，今天上街买了些什么、遇见谁、看到哪些趣事等。

当宝宝大喊"剪刀"的时候，对宝宝的逻辑思维能力和手脑协调能力大有好处。

8 复述故事

教宝宝看图说话。开始最好由妈妈讲图片内容给他听，让他听并模仿妈妈讲的话，逐步过渡到提问题让他回答，再让宝宝按照问题的顺序练习讲述。

9 说物品的用途

选择一些宝宝熟悉的物品，如"茶杯""梳子""刀""剪""牙刷"等，让宝宝逐个说出它们的名称和用途。

10 反义词配对

与宝宝一起看画片或实物，教大小、冷热、高低、胖瘦等反义词，鼓励他结合日常生活中遇到的事物，反复练习。如"爸爸的鞋是大的，我的鞋是小的""爷爷很胖，妈妈很瘦"等。

11 背诵古诗

背诵古诗可以在锻炼宝宝记忆力的同时，为他将来学习汉语打下基础。继续教宝宝古诗，一首首背诵，鼓励他自己能背诵 2~4 首古诗和 4 首儿歌。

12 说英语

继续教宝宝英语单词、英语歌，主要是名词、动词和礼貌用语，反复练习。教唱英语歌是宝宝学英语的好方法。

13 数数

当宝宝能背数 1~10 之后，要养成记物数数的好习惯，以巩固数的概念。并开始训练序数，如数"1"时，放 1 块积木，数"2"时，放 2 块积木，提问"1 和 2 相比哪个多"，启发宝宝说出"2"比"1"多，"2"比"1"大，照此训练到 5。还应教他复述 5 位数（如 27058、45296）。

14 介绍自己和家庭成员

宝宝能说清自己的姓名、年龄和性别。能说清自己父母的姓名、工作单位和做什么工作。看自己的相册时，能讲述自己小时候的事情；看家庭相册时，能介绍亲属与自己的关系及他们的职业。如果他们不在同一地方居住，宝宝能用地图指出他们所在的地名和位置。

这些本领要分开逐样练习，学会一样，表扬一次，使宝宝很有自信地记住自己和家里的事，成为融入家庭生活的一员。

让宝宝说说这些物品的用途。

情商培养

不做撒谎的宝宝

1 要保护宝宝的自尊心

此时的宝宝活动更具有自觉性,也懂得一些简单的行为准则,也开始对"我是谁"有了初步的概念,而心理活动也更加复杂。自尊心受伤害、伤心、嫉妒等都是他所面临的烦恼。

从宝宝心理发展的角度来看,2岁半的宝宝已经开始有羞耻感了,3岁的宝宝会有一些不愿意让别人知道的小秘密,家长一定要保护好宝宝的自尊心。

"杯子是谁弄到地上的?"父母不要去责备而应鼓励宝宝勇敢地承认错误。

2 理直气壮地"撒谎"

此时宝宝撒谎的原因无外乎是以下几种:分不清现实与幻想间的区别;很想要的东西,愿意相信那"真的"是自己的;怕受到惩罚,一种"回避"办法。

3 假的"谎言"

分不清因果:当宝宝做错事被处罚,问他为什么被处罚,他会回答因为自己被处罚。

以自我为中心:宝宝无法将自己与别人的想法清楚分开,以为别人的想法和他一样。

直觉思考:是宝宝思维的一大特点。例如,宝宝听见坐地铁可以去动物园,就以为只要坐地铁就是要去动物园。

4 真的"谎言"

宝宝在这个阶段已经可以说十分完整的谎言了。这标志着他已经理解真与假的区别,拥有了想象力,开始尝试以自己的理解方式与周围的世界打交道了。

父母要做出好榜样,尽量避免不必要的谎话和借口。不要迁就宝宝说谎的行为,也不要逼迫他认错,而是要让宝宝尽可能说出为什么要说谎,以便解决问题。当宝宝讲述真实情况时,要对他坦诚的态度予以赞同和肯定,引导他自己认识到说谎是不好的表现。

5 自己探索

生活中的大事小事，在宝宝眼中都是新奇无比的，这时你要给予他充分探索、练习的机会，这不仅有助于他提升多方面的能力，还能从尝试成功的经验里了解自己的能力范围，且获得自信心。

6 父母要给予宝宝积极回应

这个阶段宝宝对自我的看法，仍倾向于从他人的反应得到信息，如生活上被照顾、被回应，你或他人对宝宝行为的赞美或贬抑等。

如果他缺乏安全感，缺少积极的回应，那么宝宝就易形成对自己负面的看法。

如宝宝唱歌能够被称赞、让自己和别人都很高兴，从而感觉到自己是重要的、被肯定的，而这些都是自我概念的基础。

7 累积对自己的认识

数个月大的宝宝，就能感觉自己与他人的不同，接着慢慢从与别人的互动中，累积对自己的认识，宝宝的自我概念也会越来越清楚了。

这个阶段的宝宝自我意识很强，特别喜欢表现，对自己的认识不再停留于外观，而是强烈地想要尝试各种事物，从中发现自己的能力，对自己的行为、能力有更多的了解。

8 社交能力的培养

购物：与宝宝一起去商店买东西，边买边讲所购物品的用途，能准确回答所购物品（如盐、肉、水果等）的名称和用途。

等待：继续培养宝宝独自玩，让他知道"等待"，并且懂得在游乐园里坐飞机要排队买票、排队等候上飞机等。

做事有条理：训练宝宝在睡前将脱下的衣服、裤子叠好，按脱下的顺序摆在椅子上，起床时就可按摆放顺序重新穿上。

讲礼貌：带宝宝去朋友家做客时，事先要求宝宝讲礼貌，如进门见人问声好，接受食品或玩具时要说声"谢谢"等。

交往：在与他人交往中，训练宝宝做完整的自我介绍，并且能倾听小伙伴的自我介绍，增进交往能力。

教宝宝把洗过的衣服叠一叠，并放到正确的位置，让宝宝从小就爱整洁、讲卫生。

思维游戏

画一画，剪一剪

1 图形认知能力——画一画饼干的形状

游戏前的准备：圆形、三角形、方形的饼干，画笔，纸。

这样玩

① 拿出一块圆形的饼干，先让宝宝说出形状，然后让宝宝把饼干的形状在纸上画出来。如果宝宝画对了，就把这块饼干奖励给他吃。

② 宝宝吃一口饼干之后，让他看一看，这块饼干还是不是圆形，可能的话，让宝宝把这时候饼干的形状画下来。

③ 再让宝宝画三角形和方形的饼干。让宝宝对应画上的形状找出相应形状的饼干，并把它们放在相应的位置。

益处多多：在这个游戏中，可以让宝宝认识图形，开发宝宝的右脑潜能。不仅让宝宝认识世界，还有利于宝宝数学能力的发展，为将来的学习奠定良好的基础。

温馨小贴士：如果宝宝没有画对，妈妈要协助宝宝去画，给宝宝鼓励与信心。

2 空间想象能力——有趣的放大镜

游戏前的准备：放大镜。

这样玩

① 在户外，爸爸向宝宝演示如何将放大镜对着不同的事物，如小石头、花朵、沙砾、绿叶、小虫子。

② 爸爸先让宝宝来观察小虫子，当移动放大镜到一定距离时，宝宝会看到小虫子突然有了眼睛、腿。然后爸爸引导宝宝移动放大镜和物体的距离，当距离变化时看到的也会不一样。

益处多多：用一个放大镜可以激起宝宝对这个世界产生更多的好奇心，也可以加深他对这个世界的理解，他会惊叹于沙砾像多彩的巨砾，绿叶上有细细的线条。

温馨小贴士：可以让宝宝自己拿着放大镜观察事物，更能激发宝宝的求知兴趣。

看到报纸上的字忽然变大了，宝宝的好奇心一下子就被激起了。

宝宝自豪地展示自己的创造，妈妈不要吝啬赞美哦。

3 创意能力——漂亮的纸花

游戏前的准备：彩色卡纸、胶棒、剪刀、胶条、吸管、铅笔。

这样玩

① 妈妈在彩色卡纸上画出不同大小、不同形状的图案，让宝宝把它们剪下来。

② 把大小、颜色不同的图形分别粘在一起，做成纸花朵。用胶条把吸管固定在花朵的背面，翻过来，一朵漂亮的纸花就完成了。

益处多多：手指的运动可以刺激大脑的广大区域，而通过大脑的思维和眼睛的观察又可以不断纠正、改善手指动作的精细化程度。眼、手、脑的协调配合能极大地促进宝宝的智力发展。在这个游戏中，通过不同颜色和形状的搭配，可以激发宝宝的好奇心、创造欲。

温馨小贴士：宝宝在使用剪刀时，一定要注意安全。

4 音乐能力——拍手歌

游戏前的准备：妈妈先熟练掌握《拍手歌》的内容。

这样玩

① 妈妈面对宝宝，伸出双手。边念儿歌边拍手，妈妈先把自己的双手拍一下，然后伸出自己的右手(左手)拍宝宝的右手(左手)。

② 说到每句的最后一句时，按照儿歌里的内容做相应的动作。

你拍一，我拍一，一个小孩开飞机。

你拍二，我拍二，两个小孩梳小辫。

你拍三，我拍三，三个小孩吃饼干。

你拍四，我拍四，四个小孩写大字。

你拍五，我拍五，五个小孩来跳舞。

益处多多：在这个游戏中，通过妈妈和宝宝念儿歌、拍手，可以让宝宝充分地感受节奏，开发宝宝右脑的音乐潜能。

温馨小贴士：等宝宝熟练之后，让他边念儿歌边拍手，能锻炼宝宝的语言能力、创造力、想象力，以及动作配合协调能力。

第 16 章

餐桌花样多
0~3岁营养攻略

　　父母是宝宝的家庭营养师，是宝宝饮食习惯的奠定者。所以，父母应该给宝宝一个营养的开端，让宝宝更健康、更聪明。

　　让宝宝尝尝奶以外的味道，但要让宝宝吃天然、新鲜、健康的食物。

　　如果宝宝厌食，可以做些开胃的食物，山楂水、西红柿鸡蛋汤等。

　　如果宝宝挑食，可以变换食物花样，引起宝宝兴趣。

　　要想宝宝长得高，营养充足必不可少。

　　要想宝宝更聪明，多吃核桃、芝麻、花生、蛋黄、肉类、大豆、海鱼、红肉、猪肝、玉米、苹果等。

　　要想宝宝更强壮，补锌是关键。

　　补充蛋白质，要多吃肉类、奶、奶制品、蛋类、海产品、黄豆、干果类等。

　　根据季节，为宝宝选择食物，能让宝宝更健康。

经典辅食食谱

奶以外的味道

大米汤

材料: 大米 50 克。

做法: 大米淘洗好后,加水大火煮沸,转小火慢慢熬成粥。粥好后,放 3 分钟,用勺子舀取上面不含饭粒的米汤,放温即可。

小贴士: 6 个月以后的宝宝可食用。大米富含淀粉、维生素 B_1、矿物质、蛋白质等,作为辅食很适宜。

大米汤

小米粥

材料: 小米 30 克。

做法: 将小米洗净。锅置火上,把小米和适量清水放入锅中,大火煮沸,再转小火煮 25 分钟,熬成黏稠状即可。

小贴士: 6 个月以后的宝宝可食用。添加辅食可与喂奶时间合并在一起,可先吃饭后吃奶。但是,添加辅食的时候,奶量不要减少得太多太快。

小米粥

鱼肉橙泥

材料: 鲑鱼肉适量,橙子 1 个。

做法: 鱼洗净,取肉;橙子去皮,研泥。将鱼肉、橙泥一同蒸熟取出,将鱼肉捣碎。

小贴士: 8 个月以后的宝宝可食用。这道菜不但具有健脑益智的功效,还能有效改善宝宝便秘的症状。为了宝宝安全,注意一定要把鱼刺挑干净。

鱼肉橙泥

宝宝开胃食谱

不爱吃饭了

山楂水

山楂水

材料：新鲜山楂 30 克，白糖适量。

做法：山楂洗净，切开去核，放入锅内，加清水煮沸，转小火煮 20 分钟后捣烂，去掉外皮。将山楂浓汁倒入杯中，加入白糖调匀即可。

小贴士：1 岁以上的宝宝可饮用。山楂水酸甜可口，健胃消食，生津止渴，能增进宝宝食欲。

西红柿鸡蛋汤

西红柿鸡蛋汤

材料：西红柿、鸡蛋各 1 个，盐、菠菜各适量。

做法：西红柿、菠菜洗净，切块，鸡蛋打散。在炒锅里放少许食用油、菠菜、西红柿略炒一下。放入适量水，略煮一下（水不烧开），放入鸡蛋，边煮边搅，煮开加盐即可。

小贴士：1 岁以上的宝宝可食用。西红柿可清热生津、健胃消食。

黄瓜蜜条

黄瓜蜜条

材料：黄瓜 100 克，白糖 10 克。

做法：将黄瓜洗净，剖开去瓤，切成条状，放锅内，加少许水，用中火煮沸后，趁热加入白糖 10 克调匀，再煮沸即成。

小贴士：1 岁以上的宝宝可食用。黄瓜能清热止渴，利水消肿，清火解毒。此菜适用于宝宝夏季烦热口渴，小便不利。

应对挑食的营养餐

宝宝爱挑食

西红柿豆腐

材料: 豆腐、西红柿各 50 克, 葱花适量。

做法: 豆腐切条, 西红柿切块。豆腐焯烫, 沥干水分。起油锅, 下葱花爆香, 加入西红柿爆炒片刻后, 放入豆腐同煮 6~8 分钟, 调好味即可。

小贴士: 10 个月左右的宝宝可食用。豆腐含有优质蛋白质、卵磷脂等, 搭配西红柿营养而又开胃, 适合宝宝。

西红柿豆腐

鸡蛋拌菠菜

材料: 鸡蛋 1 个, 菠菜 50 克, 盐、白糖、香油各适量。

做法: 鸡蛋打散, 下锅炒熟, 滑散, 备用。菠菜焯烫, 切成小段, 放入盘内加盐、白糖。油烧热, 浇在菠菜上, 加炒好的鸡蛋和少许香油拌匀即可。

小贴士: 1 岁以上的宝宝能食用。色香味美, 能勾起宝宝的食欲。

鸡蛋拌菠菜

香葱蛋饼

材料: 鸡蛋 1 个, 面粉 50 克, 葱末 20 克。

做法: 鸡蛋打散, 加入面粉做成面浆; 加入葱末搅匀。平底锅烧热, 加少许油, 舀入 1 大勺面浆, 摊成圆饼, 煎至两面金黄即可。

小贴士: 1 岁以上的宝宝可食用。蛋饼松软可口, 适合宝宝食用。

香葱蛋饼

宝宝补钙食谱

养育高个儿宝宝

丝瓜炒虾仁

材料: 虾仁 200 克,丝瓜块 100 克,生抽、水淀粉、葱段、姜片、香油、盐各适量。

做法: 虾仁用生抽、水淀粉、盐腌制 5 分钟。油锅烧热,将虾仁过油,盛出;用葱段、姜片炝锅后取出,放入丝瓜块,炒软,放入虾仁翻炒,加香油、盐调味即可。

小贴士: 适合 1 岁半以上的宝宝食用。虾仁富含易于宝宝吸收的钙与蛋白质。

丝瓜炒虾仁

骨枣汤

材料: 长骨或脊骨 50 克,红枣 3~5 颗,姜片、盐各适量。

做法: 将长骨或脊骨砸碎,红枣泡开。二者同置瓦煲内,加水和姜片适量,熬约 2 小时,汤稠之后,加盐调味即成。

小贴士: 1 岁以上的宝宝可食用。动物骨中含有丰富的钙、髓质,有益髓生骨的作用;红枣补中益血。

骨枣汤

虾皮紫菜蛋汤

材料: 虾皮 5 克,紫菜 2 克,香菜段 5 克,鸡蛋 1 个,盐、姜末、香油、葱花各适量。

做法: 虾皮洗净,紫菜撕碎,鸡蛋打散。用姜末炝锅,下入虾皮略炒,加适量水,烧开后淋入鸡蛋液,随即放入紫菜、香菜,并加适量香油、盐、葱花即可。

小贴士: 1 岁以上的宝宝可食用。此汤口味鲜香,对宝宝补充钙及碘非常有益。

虾皮紫菜蛋汤

宝宝健脑益智食谱

宝宝爱"学习"

苹果泥

材料: 苹果 30 克。

做法: 将苹果洗净、去皮、切半,用研磨板磨成泥状,盛在碗中。或用不锈钢勺刮成泥,直接喂给宝宝吃。

小贴士: 6 个月以上的宝宝可食用。苹果富含膳食纤维,可以帮助宝宝调理肠胃功能,含有的锌可促进大脑发育。

苹果泥

豆腐鱼头汤

材料: 鲢鱼头 1 个,豆腐 50 克,料酒、高汤、盐、油、醋、枸杞子、香菜各适量。

做法: 鲢鱼头处理干净。豆腐切块。锅内油烧三成热,放入鱼头煎至透,烹料酒,加入高汤、盐、豆腐和一勺醋炖熟,点缀枸杞子、香菜即可。

小贴士: 1 岁半以上的宝宝可食用。鱼和豆腐富含钙,可补充宝宝身体所需钙质。

豆腐鱼头汤

芙蓉蛋卷

材料: 鱼肉 40 克,鸡蛋 2 个,葱花、姜末、盐各适量。

做法: 将去骨去皮的鱼肉剁烂,调入葱花、姜末、油等料,加水拌成泥。鸡蛋液加适量盐搅匀,放油锅摊成薄饼,取出后放上鱼肉,卷成筒状装盘上锅隔水蒸熟,取出后切成小块即可。

小贴士: 1 岁以上的宝宝可食用。这款蛋卷营养丰富、补脑益智。

芙蓉蛋卷

宝宝补锌食谱

强壮宝宝这样喂

肉蛋羹

材料: 猪里脊肉 60 克,鸡蛋 1 个,香油适量。

做法: 猪里脊肉剁成泥。鸡蛋打入碗中,加入和鸡蛋液一样多的凉白开,加入肉泥,搅匀,蒸 15 分钟。出锅后淋上香油即可。

小贴士: 10 个月左右的宝宝可食用。猪肉可以补锌,效果不错。

肉蛋羹

干酪拌南瓜

材料: 南瓜 60 克,干酪粉 10 克。

做法: 南瓜去皮去瓤,把瓜肉切成小块,锅中放水将南瓜煮熟。将煮熟的南瓜捣成泥,用干酪粉拌匀即可。

小贴士: 6 个月以上的宝宝可食用。南瓜中丰富的锌,可以参与宝宝体内核酸、蛋白质合成,是宝宝生长发育的重要物质。

干酪拌南瓜

黑芝麻米糊

材料: 大米 20 克,莲子 10 克,黑芝麻 15 克。

做法: 将大米与莲子、黑芝麻混合后,用料理机打成粉。把制作好的米粉放入锅中,加适量清水,煮熟即可。

小贴士: 8 个月以上的宝宝可食用。黑芝麻与大米同吃,可以加快宝宝的新陈代谢,保护宝宝的肠胃功能。这样搭配,吸收更好。

黑芝麻米糊

宝宝补蛋白质食谱

好吃又营养

清蒸豆腐羹

材料: 豆腐 50 克,芹菜 30 克,鸡蛋 1 个,香油适量。

做法: 芹菜切碎末,豆腐捣碎、沥干,鸡蛋打散。三者一起搅拌均匀,淋上香油,上锅蒸 10 分钟即可。

小贴士: 6 个月以上的宝宝可食用。此羹可给宝宝提供丰富的蛋白质和膳食纤维,可保健肠胃,缓解便秘。

清蒸豆腐羹

西红柿炒鸡蛋

材料: 西红柿 60 克,鸡蛋 1 个,白糖适量。

做法: 西红柿切小块,鸡蛋打散。锅中油烧热后,将蛋液炒散,盛出。再放少许油,倒入西红柿翻炒,放入鸡蛋。出锅前放白糖,翻炒几下即可。

小贴士: 8 个月以上的宝宝可食用。此菜可增进宝宝食欲、健胃消食,为宝宝补充蛋白质、维生素和各种矿物质。

西红柿炒鸡蛋

黄豆芝麻粥

材料: 大米 50 克,黄豆 20 克,熟芝麻适量。

做法: 黄豆洗净浸泡 8 小时;大米淘净,浸泡 1 小时。先用大米和黄豆煮粥,粥滚后再加入熟芝麻搅拌均匀即可食用。

小贴士: 1 岁以上的宝宝可食用。黄豆中的植物蛋白含量丰富,熬成软糯的粥更适合宝宝食用。

黄豆芝麻粥

宝宝四季食谱

告诉宝宝，季节变了

春季 | 苹果沙拉

材料: 苹果 50 克，橙子 20 克，酸奶酪 10 克，葡萄干、蜂蜜各适量。

做法: 苹果、橙子洗净去皮去籽，切成小丁；葡萄干泡软。用酸奶酪和蜂蜜将各种水果原料拌匀即成。

小贴士: 1 岁半的宝宝可食用。奶酪能增进宝宝抵抗疾病的能力。

夏季 | 绿豆沙

材料: 绿豆 30 克，配方奶 100 毫升。

做法: 绿豆泡 1 小时后，放入锅中加水煮熟。将煮熟的绿豆放入料理机中，加入配方奶一同打匀，即可。

小贴士: 1 岁左右的宝宝可食用。绿豆能增进食欲、抗过敏、解毒，还能保护宝宝肝脏的健康。

秋季 | 肉菜粥

材料: 大米 40 克，瘦猪肉馅 20 克，青菜 50 克，酱油适量。

做法: 锅内倒少许油烧热后，倒入肉馅翻炒。再加入少许酱油，倒入水，将大米放入锅内，煮熟后加入碎菜末，全部煮熟烂即可食用。

小贴士: 1 岁以上的宝宝可食用。大米与猪肉、青菜做成粥营养丰富，易消化吸收。

冬季 | 蛋黄酸奶糊

材料: 鸡蛋黄 1 个，酸奶 20 克，肉汤适量。

做法: 将煮熟的鸡蛋取蛋黄捣碎，和肉汤放入锅中用小火煮，并不时搅动，呈稀糊状时盛出，冷却。将酸奶倒入蛋糊里搅匀即可。

小贴士: 1 岁以上的宝宝可食用。酸奶有促进胃液分泌、提高食欲、助消化和补钙的功效。

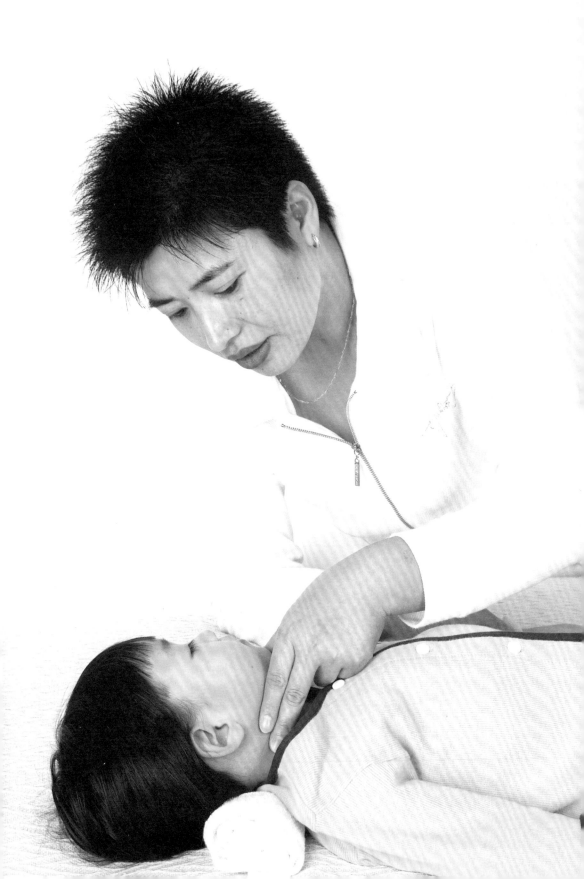

第 17 章

宝宝生病了

0~3岁常见疾病护理

宝宝即使时时刻刻有人照顾，但还是避免不了会生病，或者有意外发生。宝宝生病的频繁程度和严重程度主要取决于宝宝对疾病的易感程度，而不是照料水平，但是有些基本工作父母是可以做的。

父母除了要了解病症的原理之外，还要学会进行家庭治疗和护理，以方便医生的治疗，促使宝宝早日痊愈。

常见疾病护理

妈妈，我需要你

1 新生儿呕吐

新生儿呕吐，是指出生后即吐，喂奶后呕吐会加重。呕吐物一般为泡沫黏液样，含血液的呕吐物则为咖啡色液体。一般情况下，在出生后 1~2 天内，宝宝将吞入的羊水及产道内容物吐尽后，呕吐即消失。但是，如果呕吐超过 2 天仍很严重，就需要就医了。

明亮的自然光便于观察新生宝宝皮肤的黄染程度。

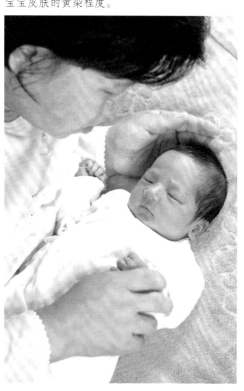

家庭护理小贴士

* 呕吐严重者禁食半小时，并及时就诊。

* 呕吐停止或减轻后，可给予少量、较稠、微温、易消化的食物，或米汤等流质饮食。

2 新生儿黄疸

新生儿出生以后，开始用自己的肺直接呼吸获得氧气，使得体内低氧环境改变，机体就不再需要那么多的红细胞。多余的红细胞被破坏后，分解产生胆红素，由于宝宝肝脏功能发育还不完整，不能把过多的胆红素排出体外，于是就积存在血液里，这种胆红素会像黄色染料一样，把新生儿的皮肤、黏膜全部都染黄，就出现了全身性黄疸。

这属于正常的生理现象，在宝宝出生后 2~3 天出现，出生后 4~6 天到达顶峰。除黄疸外，宝宝身体一般情况良好，吃奶、睡觉、大小便都正常。一般不需治疗，足月儿 1~2 周后就会自然消退，早产儿会在 3~4 周内消退。

家庭护理小贴士

* 如果新生儿黄疸出现过早，在出生 24 小时内，发展迅速，或黄疸消退过迟，或消退后又出现，则属于病理变化，应找医生查明原因并治疗。

3 感冒

上呼吸道感染，俗称感冒，大部分是病毒感染引起的，宝宝可能有流鼻涕、鼻塞、咳嗽，甚至发热的一些表现。除了病毒，还有可能是细菌、支原体、衣原体等感染。

我们能在家里做的就是一些护理措施。

家庭护理小贴士

* 加湿器湿化空气：家庭加湿器的应用有湿化气道的作用，可以稀释痰液。

* 生理盐水洗鼻：可以购买生理盐水和海盐水洗鼻器。按说明书清洁鼻腔，或可咨询医生如何正确使用生理盐水洗鼻，每天可以清洗 2~3 次，对孩子的鼻塞症状、流涕症状，效果也非常不错。

*1 岁以上的孩子可以通过喝蜂蜜水的方式达到止咳的效果。一天可以喝 2 杯左右，每一杯兑一小勺蜂蜜。6 个月以上 1 岁以内的孩子可以适当喝一点梨水。

* 自己能不能做些什么来帮助缓解孩子的咳嗽吗？答案是能。

如果孩子的咳嗽是由感冒、哮喘或其他感染引起，你可以：

让孩子饮用适量液体。

在孩子的卧室使用加湿器。

陪孩子坐在浴室，并同时打开淋浴热水以产生蒸汽。

同时应该避免一些事情，比如：

不要给儿童，尤其是小于 6 岁的儿童使用非处方类咳嗽和感冒治疗药物。在年幼儿童中，咳嗽和感冒治疗药物不太可能起到帮助，而且可造成严重问题。

喂药时，宝宝用奶瓶易呛咳，可改用勺喂。

4 小儿咳嗽

咳嗽是小儿呼吸道疾病的常见症状之一，急、慢性支气管炎，气管炎，部分咽喉炎均属于此病范围。

中医将咳嗽分为两大类：一般继发于感冒之后的称为"外感咳嗽"；没有明显感冒症状，但长久、反复发作的称为"内伤咳嗽"。

外感咳嗽有风寒、风热之分，观察宝宝舌苔可以区别两类咳嗽：如果舌苔是白的，则是风寒咳嗽；如果舌苔是黄、红色，则是风热咳嗽。

家庭护理小贴士

* 风寒咳嗽的宝宝应吃一些温热、化痰止咳的食品；风热咳嗽的宝宝内热较大，应吃一些清肺、化痰止咳的食物；内伤咳嗽的宝宝则要吃一些调理脾胃、补肾、补肺气的食物。

* 父母不要一看到宝宝有点咳嗽就喂消炎药，因为用药往往使宝宝的胃口变差。食欲不好，营养就跟不上，宝宝的抵抗力就差，反而容易引起一些并发症。

5 小儿流涎

小儿流涎，俗称小儿流口水，较多见于1岁左右的宝宝，常发生在断奶前后。

1岁以内的婴儿正处于生长发育阶段，唾液腺尚不完善，加上口腔浅，吞咽功能较差，不会调节口腔内的液体，这个时期宝宝流口水是正常现象。

病理性流涎原因：

母乳喂养时间过长。有些宝宝到12个月以后才吃辅食，这样的宝宝脾胃就比较虚弱，易发生消化不良，流涎的发生率较高。

腮腺机械性损伤。大人常因觉得好玩而捏宝宝脸颊部，易导致腮部腺体机械性损伤而流涎。

口腔炎症。如口腔炎、黏膜充血或溃烂，或舌尖部、颊部、唇部溃疡等，也会导致宝宝流口水。

家庭护理小贴士

* 宝宝6个月以后，身体各器官功能增强，所需营养已经不能仅仅局限于母乳，要逐步用米糊、菜泥等营养丰富、容易消化的辅助食品来补充。

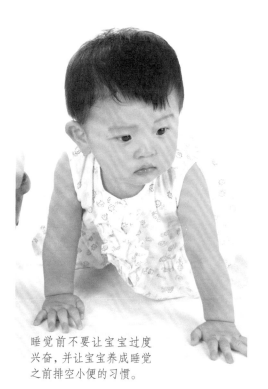

睡觉前不要让宝宝过度兴奋，并让宝宝养成睡觉之前排空小便的习惯。

6 小儿遗尿

小儿遗尿是指 3 岁以上的宝宝在睡眠中，小便不受控制排出的一种疾病。如果是因为白天玩游戏过度、精神疲劳或者睡前饮水过多等原因，发生了遗尿，就不能算是此病。

家庭护理小贴士

＊当宝宝心中有挫折感、忧伤、惊恐时，容易造成睡眠中小便失控。所以，父母应当多从心理上关心宝宝。

＊睡前数小时，避免让宝宝喝较多的水。

＊平日让宝宝养成睡前排尿的习惯。

＊白天多带宝宝活动，可以增加静脉淋巴回流，减少水潴留；半夜时，定时唤醒宝宝起床排尿。

＊宝宝不尿床时，给予鼓励和奖励。

＊尽量少给宝宝吃豆类、薏米、冬瓜等利尿的食物，有助于减少遗尿的发生。

7 小儿腮腺炎

小儿腮腺炎，俗称"痄腮"，主要症状是发热、耳下腮部肿胀疼痛。得病宝宝一般会一侧的腮先肿胀，1~4 日后波及另一侧。也有两侧同时肿大的，耳垂处是肿胀的中心，表面发热不红，局部胀痛，以手触之有弹性，无波动感。

家庭护理小贴士

＊患病宝宝的饮食宜清淡，且要吃些无须咀嚼的流质食物，如米汤、藕粉、橘

宝宝得了腮腺炎，应在家休息，等完全消退后才可入托，以免传染给别的宝宝。

子汁、西瓜汁、梨汁、甘蔗汁、胡萝卜汁、鸡蛋花汤、豆浆等。

＊不要给宝宝吃辛辣食品和海鲜、牛羊肉等高热量食物，还要避免让其闻油烟和吃煎炒食品。

＊当前我国卫健委批准使用的流行性腮腺炎疫苗有 3 种，其中冻干流行性腮腺炎灭活疫苗一般在 1 岁后接种。接种后反应轻微，少数小儿会在接种后 6~10 天有发热现象，不超过 2 天会自愈，不需要任何处理。

8 猩红热

猩红热是由乙型溶血型链球菌引起的一种急性呼吸道传染病,经飞沫传播。细菌产生的红疹毒素,使小儿皮肤呈猩红舌并出现红疹,故称猩红热。

猩红热好发于2~10岁的儿童,冬春季多见。有些儿童会有并发症,如中耳炎、淋巴结炎、肾炎、风湿热等。

家庭护理小贴士

* 在猩红热流行期间,不要带宝宝到公共场所。避免宝宝接触猩红热病人及其用过的物品。

* 对易患猩红热的宝宝,可在医生的指导下服用药物进行预防。

* 若感染了猩红热,必须在医生的指导下隔离治疗至少1周。

* 让宝宝卧床休息,给予流质或半流质饮食,保证营养和水分。

* 患儿用过的餐具要用沸水消毒,玩具、桌椅及居室也要经常消毒。患了猩红热的宝宝以清淡的流食和半流食为宜。

* 宝宝的餐具最好"专人专用",并且及时用沸水消毒。

9 百日咳

百日咳是宝宝常见的呼吸道传染病之一,由于病程长达2~3个月以上,以较长时间连续的痉挛性咳嗽为特点,所以称作"百日咳"。

咳嗽的宝宝需要多喝水,拿勺子喂比奶瓶好,因为不会被呛到。

家庭护理小贴士

* 得病的宝宝通常胃口不佳,所以应该选择营养高、易消化、较黏稠的食物,少量多次地给宝宝进食,以保证营养的摄取。

* 如果宝宝进食时由于咳嗽而吐食,等吐完后,要漱口以保持口腔清洁。

* 保持室内空气新鲜,阳光充足。室内不要吸烟,避免不良刺激,同时应给宝宝吃易消化、富有营养的食品。

* 被服用具等应经常暴晒或煮沸消毒。

* 对宝宝的态度要和蔼,可以讲故事、做游戏以转移宝宝的注意力,减少咳嗽的次数。

* 百日咳有传染性,在初患病的半月内传染性最强,应注意宝宝的隔离。

* 由于患百日咳的宝宝咳嗽剧烈,所以父母在给宝宝喂饭时,要特别小心,以免造成宝宝窒息。

10 手足口病

宝宝手足口病是由一种肠道病毒引起的急性传染病，临床主要表现为发热及口腔、手足部位疱疹，多见于 5 岁以下的宝宝，主要是由飞沫经呼吸道传播，或是通过被污染的玩具及不清洁的手经口传播。手足口病加强护理能顺利诊疗，个别重症患儿应及时到医院治疗。

家庭护理小贴士

＊患了手足口病，大多数宝宝会显得烦躁、胃口差，对于此时的宝宝要采取少食多餐的原则来进行喂养。

＊由于口腔内出现疱疹会给宝宝的进餐增加一定的难度，可以将松软的面包、蛋糕浸泡配方奶后喂食。同时，也要避免喂食太酸、太烫的食物。

＊养成良好的卫生习惯，饭前便后、外出回来后要用肥皂给宝宝洗手。

＊不要让宝宝喝生水、吃生冷食物，避免接触患病宝宝。

＊看护人接触宝宝前、替宝宝更换尿布、处理粪便后均要洗手，并妥善处理污物。

11 小儿腹泻

小儿腹泻是由多病因、多因素引起的疾病，有婴儿的生理性腹泻、胃肠道功能紊乱导致的腹泻、感染性腹泻等。其中感染性腹泻的病原有细菌、病毒、真菌等。

从治疗角度讲，对于非感染性腹泻，要以饮食调养为主；对于感染性腹泻，则要在药物治疗的基础上进行辅助食疗。

宝宝一天的排便次数达到 4 次以上，就要注意宝宝是不是腹泻了。

家庭护理小贴士

＊无论何种病因的腹泻，只要宝宝想吃，都需要喂。

＊腹泻时，宝宝消化功能减弱，食欲下降，可少量多次哺喂，选择易消化且营养丰富的食物。

＊已经加辅食的宝宝，可稍微减少食物数量，暂不添加新食物。

＊要根据宝宝口渴情况，保证喂水。可用口服补液盐不断补充由于腹泻和呕吐所流失的水分和盐分，用量应遵医嘱。

＊注意宝宝腹部的保暖，以减少肠蠕动，可以用毛巾裹腹部或热水袋敷腹部。

＊让宝宝多休息，排便后用温水清洗臀部，防止出现红臀。

用温暖的手帮宝宝按摩腹部，会减轻宝宝腹痛症状。

12 小儿腹痛

婴幼儿由于语言功能发育欠完善，腹痛时表达困难，但有其独特的可为成人理解的表达方式，如持续或阵发性哭啼和下肢屈曲不伸展等。腹痛可由多种疾病引起，但多见于腹部炎症、肠痉挛、肠套叠、肠扭转、蛔虫等。

家庭护理小贴士

* 如腹痛、拒按、下肢屈曲，多为炎症或器质性病变所致，应立即去医院。

* 如下腹坠痛、发热、脓血便，多为菌痢，应去医院就诊。

* 部分宝宝大便干燥、发硬，也可致左下腹痛。要督促宝宝定时大便，多喝水，多吃水果和蔬菜。

* 婴幼儿期最常见的腹痛为肠痉挛，表现为阵发性、无规律痛，脐周明显，触摸腹部柔软，无明显压痛或肌萎征，无包块，如分散宝宝的注意力多能缓解。可用热敷或腹部按摩的方法缓解症状，并嘱咐宝宝饭前、饭后注意休息，进食时精力集中，避免边说边吃、边看电视边吃以及边跑边吃，疼痛明显时可服用解痉药。

13 小儿便秘

便秘是经常困扰家长的儿童常见病症之一。宝宝大便干硬，排便时哭闹费力，次数比平时明显减少，有时2~3天甚至6~7天排便一次，就是发生便秘了。

便秘的发生常常由于消化不良或脾胃虚弱引起，过多地食用鱼、肉、蛋类，缺少谷物、蔬菜等食物的摄入也是一个重要原因。

家庭护理小贴士

* 宝宝的饮食一定要均衡，不能偏食。可以喝一点菜粥，吃一些水果，以增加肠道内的膳食纤维，促进胃肠蠕动，通畅排便。

* 不宜吃话梅、柠檬等酸性果品，食用过多会不利于排便。

* 养成定时排便的习惯。

* 保证宝宝每日有一定的活动量，否则易导致排便不畅。

* 对于还不能独立行走、爬行的小宝宝，父母要多抱抱他，或适当揉揉他的肚子。可做腹部顺时针方向按摩，每天2次，每次5~10分钟。

14 幼儿急疹

幼儿急疹也叫玫瑰疹，是由病毒引起的一种小儿急性传染病。此病多为散发，以 6~18 个月的宝宝发病居多。

幼儿急疹多伴有骤起高热，体温可达 39~40℃。高热早期可能伴有惊厥、急躁、哭闹，患儿可有轻微流涕、咳嗽、眼结膜炎。在发热期间食欲较差，有恶心、呕吐、轻泻或便秘等症状。1~3 天出现皮疹后，发热逐渐消退。

家庭护理小贴士

* 若发现感染幼儿急疹一定要及时隔离治疗，避免交叉感染。

* 让宝宝休息，房间内要安静舒适、空气新鲜，被子不能盖得太厚太多。

* 要保持宝宝皮肤清洁卫生，经常给宝宝擦去身上的汗渍，以免着凉。

* 宝宝体温超过 39℃时，应及时采取物理降温措施或在医生的指导下给宝宝服用退热药，防止因高热引起抽风。

* 多给宝宝喂食清淡有营养的流食或果汁，可补充宝宝因为高热而过分消耗的水分和诸多营养，加速康复。

15 小儿斜视

当一个眼球偏向一侧，致两眼不对称，称为"斜眼"，医学上称为"斜视"。

当眼睛斜视后，通常不用这只斜视眼睛看东西，时间一久，极易形成弱视或复视。

宝宝处于视觉系统发育阶段，此时若及时治疗，通常可以治愈。

妈妈要注意引导让宝宝的双眼看正前方的物品，以免造成斜视。

家庭护理小贴士

* 如宝宝 3~6 个月，将玩具放在宝宝眼前方 30 厘米左右，继之上下、左右移动，宝宝的双眼和头能随玩具移动。

* 如宝宝 7~8 个月，宝宝看由远而近的玩具时，眼球运动可以从原来的正位随玩具移动，双眼球向内移动。

* 注意预防，平时要注意让宝宝双眼正视物体。悬挂玩具时要挂在宝宝胸部正上方，不要挂在眼上方和距离眼睛太近的地方。注意悬挂玩具的位置也要经常更换，以免造成宝宝斜视或弱视。

附录
宝宝健身操（1~6 个月）

图 1

第一节　准备活动（图1）

1. 音乐和口令。
2. 让宝宝全身放松。
3. 按摩全身。
4. 握宝宝手腕，宝宝握妈
   妈拇指。

图 2

第二节　两臂胸前交叉
（图2）

1. 两臂左右分开平展。
2. 两臂胸前交叉（重复 2 个
   8 拍）。

图 3

第三节 上肢伸屈运动（图 3）

1. 右臂肘关节屈曲。
2. 伸直还原（左右轮流做，重复 2 个 8 拍）。

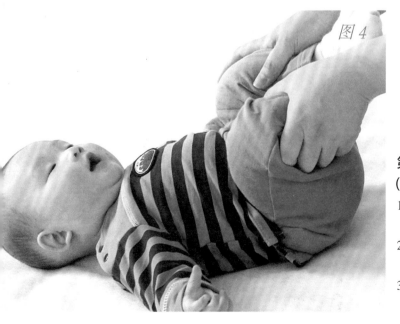

图 4

第四节 下肢伸屈运动（图 4）

1. 仰卧，两腿伸直，妈妈两手握住宝宝踝部。
2. 双膝关节屈曲，膝缩近腹部，而后伸直还原。
3. 两腿左右分别伸屈（重复 2 个 8 拍）。

图 5

第五节 两腿伸直上举 （图5）

1. 同第四节1。
2. 两腿伸直上举与腹部成直角（臀部不离开床面）。
3. 还原（重复2个8拍）。

第六节 整理活动

1. 全身放松。
2. 按摩全身。

图 6

第七节 蹦蹦跳跳运动 （图6）

1. 宝宝与妈妈面对面，妈妈双手扶住宝宝腋下。
2. 扶宝宝在腿上蹦蹦跳。
3. 还原。

第八节 整理放松

1. 随音乐节拍，俯卧位。
2. 全身放松。
3. 轻轻抚摩宝宝。